K FOOD

한식의 비밀·다섯

K FOOD

한식의 비밀·다섯

자문 · 차경희
요리 · 한복려

끓이다·삶다·찌다

끓이다
삶다
찌다

국물 민족의 습식濕食 문화

옛 한국인의 부엌 중심에는 아궁이가 있었고,
그 아궁이에는 늘 두세 개의 가마솥이 걸렸다.
이 가마솥에 밥을 짓고, 국을 끓이고, 물을 데웠다.
제대로 끓기 시작하면 뚜껑 안쪽에 맺힌 수증기가
솥 바깥으로 흐르기 시작하는데, 이를 '가마솥의
눈물'이라 불렀다.

생태를 얼리면 동태가, 말리면 북어가 된다. 북어
중에서 가장 값을 쳐주는 것이 황태로, 한국인은 얼었다
녹았다를 반복해 살이 쫄깃한 황태로 황태미역국,
황태해장국, 황태콩나물국 등을 즐겨 끓여 먹는다.

서울 중부시장의 건어물 가게. 요즘 한국인이
가장 선호하는 육수는 멸치 육수로,
국이나 찌개를 끓일 때 멸치·밴댕이(디포리)·
청어 새끼(솔치)·곤어리·전갱이 새끼(메가리) 등
청어목 멸칫과의 건어물로 밑 국물을 만든다.

머리글

국, 끓이다

면, 삶다

떡과 찜, 찌다

끓이고 삶고 쪄서 만든 일상 한식

끓이다
삶다
찌다

국물의 나라, 한국

글·윤덕노(음식 문화 칼럼니스트)

13쪽·황해도 안악군 유순리에 있는 고구려(4세기경) 벽화고분인 안악3호분. 시루로 떡 찌는 모습이 그려져 있다.

여러 문화권, 다양한 나라의 음식 문화, 조리 문화를 한두 마디로 정의하기란 쉽지 않다. 그럼에도 애써 정리한다면 유럽과 중앙아시아를 포함한 중동은 굽는 문화, 중국은 지지고 볶는 문화 그리고 동북아시아, 그중에서도 한국과 일본은 끓이고 찌는 문화라고 할 수 있다. 특히 한국 음식은 끓이고 찌는 요리 가운데서도 국물이 있는 음식, 즉 국과 찌개가 발달했다. 일상적으로 먹는 음식, 다시 말해 한국의 가정식을 자세히 들여다보면 유난히 국물 음식이 많다는 것을 알 수 있다.

한국인의 밥상에는 반드시 국물이 놓인다. 전통적인 한국 밥상은 밥과 국이 중심이다. 여기에 찌개와 김치를 비롯한 갖가지 반찬이 더해진다. 많은 경우 국과 찌개가 함께 놓이지만, 적어도 국과 찌개 중 하나는 있어야 한다. 경우에 따라서는 국과 찌개, 둘 다 없을 수도 있다. 그럴 때는 누룽지 끓인 물인 숭늉을 놓았고, 숭늉도 없으면 맹물이라도 놓고 그 물에 밥을 말아 먹었다. 한국 전통 밥상에서 국이 없으면 제대로 된 밥상이 아니었다. 조금 과하게 표현하면 격식을 차리지 않은 밥상, 아무렇게나 차린 하층민의 밥상과 다르지 않았다. 국을 얼마나 중요시했는지 심지어 이런 말까지 생겼다.

"국물도 없다." 한국어 표현에서 국물도 없다는 말은 아무것도 없다는 뜻이다. 상대방에게 더 이상 호의를 베풀지 않겠다는 말이며, 나한테 남겨진 게 아무것도 없다는 소리다. 그래서 더 이상 관계를 맺지 않겠다는 말, 한마디로 단절의 의미다. 언어 습관에서도 국의 위상을 엿볼 수 있는 것이다. 물론 지금은 다소 다르다. 한국인 밥상에서 국과 찌개는 필수가 아니다. 국과 찌개 없는 상차림도 많다. 하지만 상당수 한국인은 아직도 식사할 때 "나는 국 없으면 밥을 먹지 못한다"라고 말한다. 수프 없으면 식사를 못 한다는 서양인, 탕湯 없으면 음식을 못 먹는다는 중국인을 찾아보기 힘든 것을 보면 한국인의 국물 사랑은 여전히 유별나다.

한국 전통 밥상에 국이 없으면 제대로 된 밥상이 아니었다.
조금 과하게 표현하면 격식을 차리지 않은 밥상,
아무렇게나 차린 하층민의 밥상과 다르지 않았다.

한국인의 주식인 밥을 지으려면 끓이거나 삶거나 찌는 것이 기본이다. 이 과정에는 언제나 물이 필요하다. 한국의 옛날 부엌 한쪽에는 물을 담아 놓고 쓰는 큰 물독이 있었다.
아래 물독은 독 표면에 여러 종류의 유약을 발라 다양한 색감과 문양을 만들어낸 것이 특징이다. 물독 크기에 맞춰 나무로 만든 뚜껑에는 여닫기 편하도록 손잡이를 달았다. 온양민속박물관 소장.

한국인, 국물을 얼마나 좋아하는고 하니

국물을 좋아하는 민족적 특성 때문인지 한국에는 끓이고 찌는 음식 중에서도 국물을 먹는 음식이 발달했고, 종류도 많다. 국물이라는 관점에서 한국 밥상을 보면 여러 면에서 흥미로운 부분이 많다. 밥과 함께 국을 먹는 것만으로도 모자라 찌개도 함께 먹는다. 국이 있는데 된장찌개, 김치찌개를 비롯해 찌개 종류가 빠지지 않는다. 찌개야 반찬이니 국과는 다르다고도 할 수 있지만, 국물이라는 측면에서 보면 물기 있는 요리는 국 하나만으로도 차고 넘치는데 또 다른 국물 음식인 찌개를 상에 올린다는 것이 독특하다. 유럽 식사와 비교하면 수프만으로 모자라 브로스broth를 또 먹는 꼴이고, 중국 음식에 비유하면 탕에 또 다른 탕을 먹는 셈이니 어색하기 그지없다. 국물을 유난히 좋아하는 한국인이기에 거기에 어울리는 식사법이라 할 수 있다.

한국인의 국물 사랑을 엿볼 수 있는 또 다른 요리가 전골이다. 전통 전골은 고기와 채소 등을 끓이면서 거기에서 우러나온 진국을 즐기는 국물 요리다. 비슷한 음식으로 일본의 스키야키, 샤부샤부 그리고 중국의 훠궈(火鍋, hot pot)가 있다. 일본의 스키야키나 샤부샤부, 그리고 중국의 훠궈는 한국의 전골과 상당히 비슷하지만 확실한

차이가 있다. 다시 말해 한국 전골은 고기·채소와 뜨거운 국물을 함께 먹는 것이 중요한 반면, 중국 훠궈의 경우 국물은 먹지 않는다. 고기와 채소를 비롯한 각종 식재료를 끓는 육수에 데쳐 먹는 것이 포인트다. 재미있는 것은 중국 훠궈가 한국에 들어와 성격이 바뀐 것이다. 최근 몇 년간 한국에서 훠궈인 마라탕이 유행했다. 그런데 중국에서는 훠궈 국물은 거의 먹지 않지만 중국 훠궈, 마라탕이 한국으로 건너와 국물까지 함께 먹는 요리로 변화했다. 한국인이 국물을 얼마나 좋아하는지를 여기서도 엿볼 수 있다. 이렇게 국물을 좋아하기 때문인지 한국에는 국물 음식이 무척 많다. 채소가 됐건, 고기 또는 생선이 됐건 웬만한 식재료는 끓이거나 쪄서 국물 요리로 만든다.

한국인이 식사 때마다 먹는 국은 그 종류만 해도 이루 헤아릴 수 없을 정도다. 일반적으로 먹는 국 종류만 얼핏 헤아려도 생일에 먹는 미역국과 설날 떡국, 추석 토란국, 해장용으로 먹는 콩나물국, 시장이나 대중음식점에서 먹는 순댓국까지 나열하기가 불가능할 만큼 많다. 한 논문에 의하면 18~19세기 조선 시대 왕이 궁중에서 먹는 국 종류만 64가지였다고 하니 이 또한 한국에서 국 문화, 국물 문화가 얼마나 발달했는지를 보여주는 사례라고 할 수 있다.

국물 문화가 진짜 한국 음식의 특징일까?

그런데 이쯤에서 한번 따져볼 필요가 있다. 한국에서 국물 문화가 유난히 발달했다고 하지만 과연 맞는 말일까? 한국인이 국물 음식을 좋아하는 것은 맞다. 그리고 한국 음식에 국과 찌개를 비롯해 국물 음식 종류가 많은 것도 틀림없는 사실이다. 하지만 그렇다고 국물 문화가 한국 음식의 특징이라고 말해도 좋을까?

세상에는 국물 음식을 좋아하는 민족도 많고, 국물 음식이 발달한 나라도 한두 곳이 아니다. 서양 음식만 해도 다양한 국물 음식이 있다. 당장 꼽을 수 있는 게 유럽인이 빠지지 않고 먹는 수프다. 유럽만 해도 걸쭉한 수프soup가 있고, 고기와 채소가 들어간 스튜stew가 있으며, 한국의 죽과 비슷한 포리지porridge, 한국의 국이나 육수에 해당하는 브로스도 있다. 맑게 끓인 콩소메consommé에 걸쭉한 차우더chowder, 그리고 삶은 채소를 으깨서 끓이는 퓌레purée도 있다. 그뿐 아니라 한국의 전골이나 닭볶음탕처럼 포도주로 끓이는 프랑스 요리 코코뱅coq au vin까지도 국물 요리 범주에 넣는다면 한국의 국물 요리가 유럽의 그것보다 더 많다고 말하기 힘들다.

같은 동양권인 중국, 일본 음식과 비교해도 한국의 국물 요리가 더 발달했다고 단언할 수는 없다. 끓이고 찌는 것은 한국뿐 아니라 동양 조리법의 기본이다. 국물 요리에 국한해서 봐도 중국인 역시 우리의 국과 같은 다양한 종류의 탕을 먹는다.

중국 사람은 '한 가지 국물 요리와 네 가지 음식(一湯四菜)'을 중국 잔칫상의 기본으로 여긴다. 지금은 요리 가짓수 하나를 줄여서 일탕삼채一湯三菜가 됐다. 물론 잔치 요리에서만 탕 요리를 중요시하지 일상 식사는 다르다고 말할 수도 있다. 사실 중국인이 일반 가정식에서 매일, 반드시, 탕 요리를 먹는 것은 아니다. 하지만 중국은 밥과 함께 국수 같은 분식을 주식으로 먹는 나라다. 중국 국수는 짜장면, 볶음면 같은 건식보다는 국물과 함께 먹는 습식 국수가 기본이다. 다시 말해 중국에서도 국물 요리를 많이 먹는다는 얘기다. 일본 역시 국이 빠지지 않는다. 일본에서도 일식의 특징은 끓이고 찌는 것이라 말하고, 일본 식사 역시 기본은 국

중국과 일본에서는 밥과 별도로 국 하나에 반찬 세 가지가 기본인 반면, 한국에서는 밥과 국 하나에 반찬 세 가지로 구성된 일식삼찬이 기본이다. 일식삼찬에서는 밥과 국이 분리되지 않고 하나로 통합돼 있다. 아래 사진은 한식의 일식삼찬 상차림. 한식 상차림에서는 밥과 국, 김치를 반찬 첩수에 넣지 않는다.

하나에 반찬 세 가지, 즉 일즙삼채一汁三菜이며, 일본인은 가정에서 식사할 때 꼭 일본식 된장국인 미소시루를 먼저 먹고 밥을 먹는다.

그런데 왜 한국 음식의 특징으로 국을 꼽는 것일까? 이유는 중국의 일탕삼채, 일본의 일즙삼채와 대비되는 우리말 일식삼찬一食三饌에서 찾을 수 있다. 중국과 일본은 식사의 기본이 '국 하나에 반찬 세 가지'이지만, 한국은 '밥 하나에 반찬 세 가지'가 기본이다. 중국과 일본에서는 밥과 별도로 국 하나에 반찬 세 가지인 반면, 한국에서는 밥과 국 하나에 반찬이 세 가지다. 바꿔 말해 중국과 일본은 밥과 국이 분리되어 있고, 한국은 밥에 국이 포함되어 있다. 한 번 먹는 주된 식사에 밥과 국이 분리되지 않고 혼연일체로 통합되어 있다는 뜻이다.

그러고 보면 서양 음식과도 비교가 된다. 서양에서 수프는 하나의 요리다. 식사할 때 먹어도 그만, 먹지 않아도 크게 문제 될 것이 없다. 중국 음식도 마찬가지다. 중국의 탕 또한 별개의 요리로 각각의 음식이 분리되어 있다. 국수를 먹을 때 국물과 함께 먹지만, 국물은 국수를 맛있고 편하게 먹기 위한 수단일 뿐이다. 일본은 우리와 음식 문화가 비슷하지만, 그렇다고 일본 역시 국이 필수는 아니다. 밥과 함께 된장국을 먹기는 하나, 한국처럼 대부분 음식에 국이 빠져서는 안 된다는 일체감은 떨어진다.

정리하면, 서양의 수프는 다른 요리와 조화를 이룰지언정 하나의 요리인 반면, 중국의 탕이나 일본의 시루는, 즉 국물 요리는 밥과 같은 주식과 별개이거나 종속적이다. 반면 한국의 밥과 국은 서로 하나되는 융합의 관계다. 그렇기에 한국은 국 없이는 식사 못 한다는 사람이 적지 않을 정도로 밥과 국이 일체감을 이룬다. 단순히 한국인이 국물을 좋아하기 때문에, 국물 음식 종류가 많기 때문에 한국 음식 문화의 특징을 국에서 찾는 것이 아니다.

언제부터 국물 음식을 많이 먹었을까?

국의 나라 한국에서는 언제부터 국물 요리가 발달했고, 한국인은 언제부터 다양한 국물 요리와 사랑에 빠졌을까? 물론 아주 오래전부터 이겠지만, 그럼에도 단순히 식재료를 물에 넣어 끓여 먹던 국물 음식이 지금처럼 다양한 국(물) 요리로 진화한 과정을 자세히 살펴볼 필요가 있다.

역사를 보면 사람들은 먼 옛날부터 다양한 국물 요리를 즐긴 것으로 보인다. 국 하나만 놓고 봐도 그렇다. 지금은 물에 갖가지 재료를 넣고 끓인 음식을 우리말로 '국', 한자로는 '탕'이라고 표현하지만 옛날에는 훨씬 더 많은 용어를 사용했다. 한글이 만들어지기 전이어서 순우리말로 뭐라고 표현했는지는 알 수 없지만, 한자로는 일반 국을 뜻하는 탕이라는 단어와 함께 또 다른 국을 뜻하는 '갱羹'이라는 음식도 있었다. 갱은 국 중에서도 채소를 주재료로 끓인 국이다. 반대로 '확膗'이라는 국도 있었다. 확은 주로 고기를 주재료로 끓인 국을 말하는데, 오늘날 곰탕과 비슷하다. 이 외에 '찬饌'은 고기를 끓여 건더기로 넣은 국과 달리 곡식을 넣은 국을 말한다. 쉽게 말해 지금의 국밥과 같은 음식이다. '손飧'이라는 음식도 있는데, 이건 물에 곡식을 말아서 먹는 국물 음식이다. 지금의 물에 만밥이라고 생각하면 된다.

들도 보도 못한 어려운 한자를 늘어놓으면서 옛날에는 다양한 국물 음식이 있었다고 말하는 이유는 이런 한자가 만들어진 시기, 그리고 용례가 나오는 문헌의 기록 때문이다. 대부분 기원전 4~3세기에 이미 국에 대한 얘기가 보인다. 바꿔 말하면, 약 2200~2300년 전 옛날 사람들은 지금보다 더 자세하게 국 종류, 국물 음식을 구분했다. 그만큼 아시아에서는 옛날부터 국물 음식이 발달했음을 보여주는 증거다. 한자로 적혀 있으니 한국과는 관계가 없는 것 같지만, 동아시아의 고대 동양 문화는 공유하는 측면이 있고, 한국의 음식 문화 또한

① 조선 문화의 전성기인 영조 때 활약한
실학자. 경세치용의 실용적 학문인
실학을 주장했고, <성호사설> <곽우록>
<이자수어> 등을 저술했다.
그의 대표 저서인 <성호사설>의
'만물문萬物門'과 '인사문人事門'에
음식 관련 기록이 실려 있다. 제사
의례나 음식을 먹는 풍습에 대해 주로
기록했는데, 중국 경전 속 음식명과
조선의 음식을 연관 짓고 음식 명칭에
대해 고증했다.
② <성호전집> 제2권 '시時국밥' 중.

고대 동양 문화를 바탕으로 발달했다.

또 하나, 옛날에는 탕·갱·확·손 등으로 세분화하던 국 종류가 지금은 국(탕)이라는 이름으로 단순화되었으니 퇴보한 것이 아닌가 싶겠지만, 채솟국과 고깃국처럼 애써 구분할 필요가 없어 용어가 바뀌었을 것이다. 대신 내용물이 아닌 완전히 새로운 형태의 국물 요리가 등장했으니, 바로 찌개·전골·샤부샤부 같은 것이다. 정확한 시기를 알 수는 없지만, 찌개와 전골은 대략 18~19세기에 발달했고 샤부샤부는 20세기 들어 만들어진 음식이니 동양에서 그리고 한국에서 국물 요리의 진화는 현재진행형이다. ☞ '국물 민족의 국·탕·찌개·전골' 33쪽

이쯤에서 한국의 국물 문화에 대해 생각해보면, 끓이고 찌고 삶는 과정에서 탄생한 국(물) 요리는 동양의 공통적 음식 문화다. 그런데 왜 유독 한국에서 발달했을까? 그리고 한국인은 언제부터 국물 음식을 즐겼을까? 이 질문에 답하기는 애매하지만, <고려사高麗史>에 흥미로운 기록이 실려 있는 것을 보면 역사가 꽤 오래된 듯하다. 1280년 무렵, 고려가 원나라와 연합군을 결성해 일본을 정벌할 때의 일이다. 고려군을 이끌고 원정 작전에 참여한 고려 장군 김방경이 원나라로 갔을 때 원나라 황제 쿠빌라이Khubilai가 환영 잔치를 열었다. 이때 쿠빌라이가 특별히 고려인이 좋아하는 음식이라면서 흰쌀밥에 생선국(魚羹)을 마련했다는 기록이 있다. 당시 원나라에는 고려 사람은 흰쌀밥에 국 먹는 것을 좋아한다는 정보가 퍼져 있었던 것이다.

고려와 조선 시대 문헌을 보면 사람들이 다양한 종류의 국을 즐겼다는 기록이 숱하게 나온다. 그중 하나가 조선 실학자 성호 이익①이 남긴 말이다. "비빔밥은 아무리 먹어도 질리지 않는데, 배를 채우기로는 국밥이 제일이다."② 역사적으로 한민족은 비빔밥을 즐겨 먹었다. 하지만 그 못지않게 좋아한 것이 국밥, 즉 국과 밥이었다. 이러니 한국 요리에서 국 종류, 국물 음식이 크게 발달하지 않았을까.

혹자는 국이 빈곤의 산물이라고 말하지만 천만의 말씀이다.
역사적으로 한국은 만성적으로 식량이 부족한 나라가 아니다.
또 하나, 국은 오히려 양식 소비를 촉진한다.
국과 함께 먹으면 밥을 더 많이 먹게 된다.
그런 만큼 국은 풍요의 음식이고 상류층의 식사 문화였다.

왜 국물 음식을 많이 먹을까?

그러면 한국에서는 왜 국이나 찌개 같은 국물 음식이 발달했을까? 물론 한국인이 국물 음식을 좋아하기 때문일 수 있다. 그래서 다양한 국이나 찌개, 전골 같은 음식이 생겨났을 것이다. 하지만 그것만이 근본이유는 아니다. 한 나라, 한 민족의 음식 문화가 형성되는 과정에서 그 요인을 찾을 때는 절대 한두 가지만 꼽을 수는 없다. 역사적·경제적·지리적·풍토적 특성이 종합적으로 얽히고설키면서 독특한 국 문화가 만들어졌을 것이다.

국물 요리는 음식을 맛있게 먹기 위한 방법 중 하나로, 요리가 발달하는 과정에서 생겨났을 것이다. 혹자는 국이 빈곤의 산물이라고 말하기도 한다. 한반도는 산이 많고 지형이 협소해 곡식이 풍족하지 못하고, 그래서 제한된 재료에 물을 붓고 끓여 국으로 만들어 양을 늘렸으며, 그 과정에서 국물 요리가 발달했다는 주장이다. 하지만 천만의 말씀이다. 역사적으로 보면 한국은 만성적으로 늘 식량이 부족하던 가난한 나라가 아니었다. 또 하나, 국은 오히려 양식 소비를 촉진한다. 수프처럼 별개의 요리라면 모를까, 한국의 국과 밥 문화처럼 국과 함께 먹으면 밥을 더 많이 먹게 된다. 그런 만큼 국은 풍요의 음식이고 상류층의 식사 문화였다.

옛날 중국 문헌에서 이러한 증거를 찾을 수 있다. 중국 한나라의 약 2000년 역사를 기록한 <한서漢書> '백관공경표'에 보면 탕관湯官이라는 직책이 나온다. 백관공경표는 벼슬 이름을 나열한 표인데, 탕관은 글자 뜻 그대로 '국을 끓이는 관리'다. 정확한 업무 내용에 대한 설명은 없지만, 일반적으로 제사에 쓸 국을 담당하는 관리였을 것으로 짐작한다. 고대에 제례에 쓰거나 제물로 바치는 음식은 귀한 것이었다. 당시 제사상에 올리던 국은 당연히 소중한 음식이었고, 상류층의 음식이자 풍요의 상징이었을 것이다. 국이 널리 퍼진 이유 중 하나일 수 있다.

국이 발달한 또 다른 이유는 음식 문화 자체에서도 찾을 수 있다. 한국을 비롯한 아시아 대부분은 쌀 문화권이다. 물론 중국 북방 지역은 밀 문화가 중심인 곳도 있지만, 12~13세기 이후에는 쌀 문화가 보편적으로 널리 퍼졌다. 쌀로 밥을 지을 때는 끓이거나 삶거나 찌는 것이 기본이다. 이 과정이 잘 진행돼야 쌀이 제대로 익어서 밥이 된다. 물론 밥 짓는 방법도 한국과 일본, 중국과 동남아가 각각 차이가 있지만 기본은 세 가지 조리 과정 중 한두 가지 이상의 조화를 통해 밥이 완성된다는 것이다. 밥뿐 아니다. 가루 음식인 분식도 마찬가지다.

이 부분이 중앙아시아, 유럽 등의 유목 문화나 목축 문화, 또는 같은 농경문화라고 해도 밀 문화권과 확실하게 대비된다. 이들 지역은 주로 굽는 문화다. 유럽의 빵이건 중동이나 중앙아시아의 난naan이건 구워서 익히는 것이 기본이다. 반면 아시아는 다르다. 같은 밀가루로 만드는 음식이라도 서양의 빵이나 중동의 난과 달리 아시아에서는 끓이고 삶고 쪄서 만두, 수제비, 국수 등 여러 가지를 만들어 먹는다. 쌀가루로 만드는 떡 역시 마찬가지다.

한국의 음식 문화는 밥을 중심으로 발달했다. 동북아시아 중에서도 유독 한국의 국 문화가 더 발달한 이유는 한국인의 주식인 밥에서 찾을 수 있을 것이다. 옛 한국인은 그릇 위로 수북하게 담은 고봉밥을 먹었다. 이렇게 많은 밥을 맛있게 먹으려면 국의 도움이 필요하다.

그러다 보니 매일 먹는 주식, 메인main 음식을 만드는 과정에서 언제나 끓인 물이 생기기 마련이다. 한국식 국이나 찌개든 아니면 중국식 탕이든 일본식 시루든 국물 요리가 만들어질 수밖에 없는 구조다. 덧붙여 한국의 경우 난방 방식은 온돌이 기본이었다. 아궁이에 불을 때서 방바닥을 따뜻하게 했는데, 이 과정에서 언제나 부엌 아궁이의 가마솥에 물을 끓였다. 그러니 뜨거운 물을 이용해 다양한 국과 국물을 만든 것이다.

물론 기후적 요인과 풍토적 요인도 한몫했을 것이다. 동북아시아, 특히 한국의 기후는 겨울이 춥고 길고 건조하며, 여름은 짧고 습하다. 따라서 식사할 때도 뜨거운 국물을 먹으며 몸을 따뜻하게 하는 것이 중요했고, 이 역시 음식 가운데 국이 발달한 이유 중 하나일 것이다. 여름 또한 예외가 아니다. 무덥고 습한 기후에서는 몸에서 땀을 충분히 배출할 때 오히려 시원함을 느낄 수 있다. 덥고 습한 중국 쓰촨 지역에서 땀이 뻘뻘 흐를 정도의 매운 요리가 발달한 것처럼 여름철 무덥고 습기가 많은 한국에서도 국은 무더위를 이겨내는 효율적인 음식이 될 수 있다.

결국 해답은 밥이다

동북아시아에서 국물 음식이 발달한 배경은 그렇다 치고, 왜 특별히 한국에서 국 문화가 더 발달했는지에 대한 설명도 필요하다. 가장 큰 이유는 한국인의 주식인 밥에서 찾을 수 있을 것 같다. 한국의 음식 문화는 밥을 중심으로 발달했다. 밥과 국을 중심에 놓고 김치를 필수로, 고기가 됐건 채소가 됐건 여러 가지 반찬을 먹는다. 그런데 자세히 보면 반찬은 모두 쌀로 지은 밥을 맛있게, 그리고 많이 먹기 위한 보조적 음식일 뿐이다. 한국인의 음식 구조가 밥을 중심으로 이뤄졌음은 성

호 이익이 쓴 글에서 자세히 엿볼 수 있다. "밥에는 반드시 반찬이 있어야 한다. 성인도 고기가 비록 많더라도 밥 분량보다 적게 먹는다고 했으니 식사는 밥을 주장으로 삼는 것이다. 밥은 대개 찬이 없어도 물에 말면 맛이 더해지는 법이다." ↪ **2권 머리글 12쪽**

지금은 아니지만 옛날 한국인은 밥을 엄청 많이 먹었다. 특히 농사짓는 농부나 육체노동 종사자의 경우 커다란 밥그릇에 밥을 가득 담는 것만으로도 모자라 밥그릇 2개를 엎어놓은 것처럼 밥을 산처럼 높게 쌓아 고봉밥으로 먹었다. 19세기 말, 20세기 초 한국을 여행한 서양 선교사들이 한국인의 대식大食 습관을 보고 놀라움을 표시한 글을 남겼을 정도다. 이렇게 많은 양의 밥을 먹으려면 국의 도움이 필요하다. 국이나 찌개 같은 종류가 있어야 밥을 쉽게 삼킬 수 있다. 이는 한국에서 국과 찌개가 발달한 또 다른 이유일 것이다.

그런데 옛날 한국 사람은 왜 그렇게 밥을 많이 먹었을까? 무지몽매했기 때문에, 혹은 고기가 부족했기에 오직 밥으로만 영양을 보충했기 때문일까? 만약 그렇게 생각한다면 그야말로 한국 문화를 이해하지 못하는 편견이고, 음식 역사를 모르는 무지에서 비롯한 오해일 수 있다. 옛날에는 쌀이 영양가가 최고로 높은 곡식이었다. 그래서 고대로 올라가면 쌀밥은 임금이 먹는 보석 같은 음식이라는 뜻에서 옥식玉食이라고까지 불렀다. 그런데 조선은, 특히 18세기 무렵의 조선은 벼농사 기술이 매우 발달한 나라였고, 그래서 쌀이 풍부했다. 이익은 <성호사설星湖僿說>에서 "전라도는 논이 많아 추수가 끝나면 백성이 모두 쌀밥을 먹고, 콩과 보리는 천하게 여긴다"라고 했다.

국은 이렇게 쌀밥을 더 많이, 더 맛있게 먹기 위해 발달한 음식이었으니 한국 음식 문화의 풍성함을 반영한 것이라고도 할 수 있다. 한국의 국 문화에는 이렇듯 꽤 많은 동양의 역사와 음식 문화, 그리고 한식의 특징이 녹아 있다.

국,

끓이다

국물 민족의 국·탕·찌개·전골

글 · 정혜경(호서대학교 식품영양학과 교수)

한국인이 국, 찌개에 가장 많이 넣는 재료.
무·배추·파·고추·버섯·쑥·냉이·시금치·쇠고기 등
채소와 육류, 어패류가 국물 요리에 고루 들어간다.

① 탕보다는 건더기가 많고 국물이 적은
음식을 조치라 불렀다.
② 간장과 꿀을 넣고 조리다가 녹말을
넣어 윤기 나게 만든 달콤한 반찬.

불을 땐 후 잔열이 남은 숯에
달걀찜 그릇을 넣은 밥솥을 올려
뜸을 들이기도 했다.

한국 음식 하면 가장 먼저 떠오르는 것이 밥과 국이다. 여기에 김치만 있으면 한 끼 식사가 든든하다. '국물 민족'이라는 말까지 있는 것도 이 때문이다. 한국 음식 중에서 국처럼 다양한 음식도 없다. 우선 재료에 따라 고기와 생선을 사용하는 동물성 국과 온갖 종류의 채소를 이용하는 식물성 국으로 크게 나눈다. 여기에 맑은 국물을 이용하는 생선탕이나 신선로 같은 장국류가 있고, 곰탕과 설렁탕 같은 탁한 국물류도 있다. 또 채소에 된장과 고추장을 넣어 끓인 시금칫국, 냉잇국 같은 토장국 등 국 종류는 셀 수 없이 다양하다.

국 다음으로 많이 먹는 국물 음식은 찌개와 전골 그리고 조치 등이다. 요즘은 찌개를 즐겨 먹지만, 찌개에 관한 기록은 조선 시대 조리서에는 보이지 않다가 1800년대 말엽에 나온 것으로 추정하는 <시의전서是議全書>에 '조치①'라는 이름으로 등장한다. 조치는 주로 궁중에서 찌개를 일컫는 것으로 알려져 왔는데, 밥상에 놓는 반찬을 이르기도 한다. 그러니까 조치란 찌개와 찜, 초②, 조림 등을 다 포함하는 음식이라고 볼 수 있다. 또 간장에 끓이는 것을 맑은 조치, 쌀뜨물에 고추장이나 된장을 풀어 끓이는 것을 토장 조치라 한다. 젓국으로 끓인 조치도 맑은 조치라 한다. 궁중이나 상류층의 조치는 주로 맑은 조치였고, 서민은 주로 토장찌개, 즉 된장찌개를 많이 즐겼다.

사실 찌개와 전골은 구분하기가 쉽지 않다. 찌개는 국(탕)보다 국물이 적어 건더기와 국물이 반반 정도인 국물 요리이고, 전골은 여러 가지 재료를 전골 냄비에 색을 맞춰 담고 간한 육수를 부어서 끓여 먹는 즉석 냄비 요리를 말한다. 이것을 보다 호화롭게 만든 것이 신선로다. 찌개는 미리 가열해 밥상에 내놓는 데 비해 전골은 가열하면서 먹는 것이 가장 큰 차이다.

국가 대표 국물 요리, 된장찌개와 설렁탕

지위 고하와 빈부 격차, 지역을 뛰어넘어 한국인이라면 누구나 즐겨 먹는 음식, 된장찌개. 하지만 그 등장은 그리 오래되지 않았다. 1800년대 말, 저자 미상의 조리서 <시의전서>에도 골조치, 처녑조치, 생선조치 등의 이름으로 등장하지, 된장조치 혹은 된장찌개란 명칭은 없었다.

뚝배기에 보글보글 끓이는 된장찌개는 지금 가장 사랑받는 한국 음식이면서, 가장 홀대받은 음식이기도 하다. 먹을 것이 많지 않던 시절, 채소로 끓인 맑은국으로는 단백질을 공급받을 길이 없었다. 그런데 집에 늘 담가두는 '콩 단백질 덩어리' 된장을 수용성비타민의 보고라는 쌀뜨물에 풀어 끓이면 영양가가 풍부한 국이 되었다. 이렇게 훌륭한 발명품이 토장국이다. 이 토장국에서 발전한 것이 된장찌개로, 토장국의 국물을 적게 잡아 끓여낸 것이다.

설렁탕 역시 한국인이 매우 즐겨 먹는 국물 음식 중 하나다. 언뜻 보기에 간단한 것 같지만 시간과 정성이 들어간 깊이 있는 음식이다. 소뼈·도가니·쇠고기 등을 큰 솥에 통째로 넣고 보통 한나절 정도, 보다 깊은 맛의 국물을 원할 때는 좀 더 많은 양의 쇠고기와 뼈를 넣어 하루 이상 '푹' 고아야 설렁탕 한 그릇이 나온다. 섬세한 조리 과정 없이도 음식 맛을 제대로 살릴 수 있다는 것이 놀랍다. 설렁탕 맛은 아무것도 가미 안 한 듯한 맛, 즉 단맛·짠맛·신맛·쓴맛·매운맛 어디에도 해당하지 않는 것 같은데 입안에 국물이 들어오는 순간 깊은 맛이 느껴진다. 바로 이것이 설렁탕 맛의 진수이자 수천 년 이어 내려온 민족의 깊은 맛이다. 물론 그 순수한 맛도 말할 수 없이 중요하지만, 높은 영양가 또한 빼놓을 수 없다. 게다가 이 음식은 먹는 방법도 독특하다. 그냥 밥을 말아서 후딱 해치우니 말이다.

속 풀고 마음 푸는 해장국

한민족은 술을 즐긴 민족이다. 술 마신 다음 날, 간밤의 숙취를 음식으로 풀었으니 이때 찾는 것이 해장국이다. 한국의 해장국은 다른 나라와 달리 뜨거운 국물을 전제로 한다. 대표적 해장국으로 알려진 콩나물국밥, 재첩국, 선지해장국 등은 뜨거운 국물로 쓰린 속을 풀어주는 음식이다. 해장국은 뚝배기에 담아야 제맛이 난다. 뜨거운 김이 올라와야 제대로 맛이 나고, 새벽 공기를 마시며 먹어야 더 맛있으며, 잘 익은 깍두기를 곁들이면 그야말로 금상첨화다. 혼자 먹어도 눈치 주는 사람 없지만, 여럿이 함께 먹으면 더 맛있는 음식이 해장국이다. 웬만한 한국의 성인에게는 추억 어린 음식이기도 하다.

해장국은 한국 외식 문화의 첫걸음이 된 음식이라 할 수 있다. 외식이란 개념이 따로 없던 고려·조선 시대에는 주로 술을 만들어 병에 담아 파는 병술집이 있었는데, 그곳이 식사 겸 안주가 되는 해장국을 끓여 파는 주막(주점)으로 변화하면서 음식점의 효시가 되었다.

사실 해장국이라는 한 가지 이름으로 불리지만 재료에 따라 해장국의 종류는 매우 다양하다. 서울 청진동 해장국 골목에는 선짓국, 양반 마을인 전주에는 콩나물국, 피란민이 많이 살던 부산에는 돼지국밥, 화개장터로 유명한 섬진 강변에는 재첩국, 충청도 내륙 지방에는 올갱잇국, 강원도 산간 지방에는 북어 대가리를 두드려 끓인 북엇국이 있다. 지방마다 지역 특산물을 이용해 독특한 해장국 문화를 만들어 온 것이다. 이 가운데는 영양적으로 부족함이 없어 완전 식품에 가까운 것도 있고(설렁탕), 체내 특정 부위의 생리 활성을 돕는 기능성 음식도 있다(재첩국이나 올갱잇국). 특히 요즘 인기 있는 다이어트식도 있다 (콩나물국). 해장국 한 그릇에 담은 한국인의 지혜가 돋보이는 부분이다.

해장국을 끓여 먹기 시작한 옛 한국인은 분명 슬기로웠다. 선짓국 속 우 거지는 장운동을 활발하게 하는 섬유소가 풍부하고, 콩나물국밥에 들어가는 콩나물의 숙취 해소 능력은 놀라울 정도다. 알코올 분해 능력이 뛰어난 콩나물 뿌리 속 아스파라긴산의 효험을 이미 알고 있던 셈이다. 게다가 재첩국, 돼지국 밥, 올갱잇국에 들어가는 부추는 간 보호 기능이 뛰어난 채소다. 재첩과 다슬기 역시 간 기능에 좋은 재료인데, 특히 재첩은 즙을 내 황달 치료에 쓰는 민간요법 이 전해질 정도로 몸을 보호하는 기능이 탁월하다. 북엇국의 주재료인 북어도 아미노산 성분인 메티오닌이 풍부해 주독에 지친 간을 달래는 데 좋다. 북쪽 지 방에서 많이 먹는 순댓국은 철분과 칼슘 같은 무기질이 풍부한 데다 탄수화물, 지방, 단백질도 많은 음식이다. 추운 곳인 만큼 해장국도 열량이 높은 것으로 만들어 먹은 것이다. 두루 살펴보니 한국의 해장국은 단순히 허기를 달래거나 숙취를 해소하는 음식이 아니라, 과학적으로 개발한 '지혜의 음식'인 것이다.

📌 '국, 한국인의 일생과 함께 살다' 49쪽

약이 되는 국, 쑥국

단군신화에서부터 등장하는 쑥의 강한 맛과 향기를 부드럽게 순화시킨 음식 이 있으니 바로 쑥국이다. '애탕'이라고도 부르는데, 부드럽게 다져 양념한 쇠 고기에 쑥을 잘 섞은 다음 먹기 좋은 크기의 완자로 빚어 끓인다. 은은하고 향긋 한 향을 풍기는 쑥국을 마주하고 있자면 마음까지 부드러워진다. 쑥의 장점이 자 단점이 강렬한 향인데, 쑥국은 쑥 향을 그다지 좋아하지 않는 사람도 가볍게 즐길 수 있는 음식이다. 쑥은 비타민과 식물 영양소가 풍부하고 항산화 효과까 지 있어서 그야말로 약이 되는 채소다. 한국인은 이러한 쑥으로 봄이 되면 국을 끓여 먹고 겨우내 지친 몸을 회복했다.

③ '입을 즐겁게 하는 음식'이라는 뜻.
④ 전국 최초로 장시(오일장)가 열린 곳이
나주다.

화개장터로 유명한 섬진강 주변에서
해장국으로 많이 먹는 재첩국.
재첩국에는 부추를 올려 먹는데, 부추는
재첩에 부족한 비타민 A를 많이 함유하며
열에 견디는 성질이 강해 재첩과 궁합이
잘 맞는다.

신선이 남기고 간 음식, 신선로

신선로神仙爐의 유래에는 여러 설이 있지만 조선 시대 홍선표의 <조선요리학 朝鮮料理學>에 나오는 다음의 대목을 주목할 만하다. "연산군 시대에 정희량 이라는 사람은 (중략) 선인의 생활을 했는데 수화기제水火旣濟의 이치로써 화 로를 만들어 이것 하나만 가지고 다니며 거기에다 여러 가지 채소를 한데 익혀 먹었다는 것이다. 후에 그가 신선이 되어 떠난 후에 세상 사람들이 그 화로를 신 선로라 부르게 되었다." 화로 하나 들고 걸인처럼 다니면서 채소를 섞어 익혀 먹던 음식에서 유래했다는 신선로. 신선이나 거지나 결국 마찬가지 아닌가? 사실 신선로는 온갖 동식물의 귀한 재료가 다 들어가 오묘한 국물 맛을 내는 최 고의 음식이자, 음식 사치의 전형을 보여주는 요리다. 그래서 궁중에서는 이 음 식을 열구자탕悅口資湯③이라 부르기도 했다. ☞ 2권 머리글 29쪽

팔도 국물 열전

한국인은 국물 민족답게 지역별로도 독특한 국물 요리를 발전시켰다. 먼저 부 산 돼지국밥은 돼지뼈로 우려낸 육수에 돼지고기 편육과 밥을 넣어 먹는 음식 이다. 돼지국밥의 유래에는 다양한 설이 있으나, 전쟁 중 피란길을 전전하던 이 들이 쉽게 구할 수 있는 돼지 부속물로 끓인 데서 유래했다는 설이 가장 유력하 다. 돼지국밥에는 대구식, 밀양식, 부산식이 있으나 대중적 인지도를 얻은 곳 은 부산이다. 부산식 돼지국밥은 돼지 사골로 우려내기 때문에 색이 탁하다.

전라남도 나주의 향토 음식, 나주 곰탕이 생겨난 유래는 두 가지로 모아 진다. 하나는 나주 오일장④에 모여든 장꾼들, 손님들에게 소머리 고기와 내장 등 소 부산물을 푹 고아 팔던 장터국밥에서 시작했다는 설이다. 비옥한 나주평 야와 영산강 줄기, 서해 바다를 품고 있어 우시장이 발달했고, 그 덕에 태어난 음식이 나주 곰탕이라는 이야기다. 일제강점기 때 나주에 생긴 군납용 쇠고기 통조림 공장에서 엄청난 양의 소 부산물이 쏟아져 나오자 이를 끓여 곰탕으로 팔았다는 설도 있다. 무엇이 되었든 풍요로운 산물과 지리적 이점을 활용해 곰 탕이 나주의 음식 문화로 자리 잡은 것만은 사실이다. 나주 곰탕은 다른 지역의 곰탕과 달리 좋은 고기를 삶아 만들어 국물이 맑은 것이 특징이다.

전주 콩나물국밥도 지역 대표 음식이다. 사시사철 언제 어디서나 간편하 게 먹을 수 있는 콩나물국밥은 서민에게 매우 친근한 음식이다. 콩나물국밥은

대한민국 팔도의 대표적 토속 국물 음식.
(왼쪽부터 시계 방향) 나주 곰탕,
전주 콩나물국밥, 부산 돼지국밥,
의정부 부대찌개.

말 그대로 콩나물국에 밥을 만 음식으로, 새우젓으로 간하고 고춧가루와 송송 썬 파를 넣으면 든든한 한 끼 식사가 된다. 국물이 담백하고 시원한 콩나물국밥은 술 마신 다음 날 먹는 해장 음식으로 첫손에 꼽힌다. 녹두를 싹틔운 숙주는 일본이나 동남아시아 등 세계 여러 나라에서 먹지만 콩을 싹틔운 콩나물을 먹는 나라는 거의 없다. 콩 자체에는 거의 없는 비타민 C가 콩나물에는 듬뿍 들어 있고, 아미노산의 일종인 아스파라긴산이 풍부해 알코올 분해를 돕는다. 전주 콩나물국밥이 유명한 이유는 전주의 물이 좋아 콩나물이 맛있게 잘 자라기 때문이라고 한다. ➔ 4권 '오직 한국인만 콩나물을 먹는다' 67쪽

　　부대찌개는 한국전쟁으로 어렵던 시절 우연히 만들어진 것으로, 2~3세대로 이어오면서 여전히 사랑받는 국민 찌개다. '부대'는 군부대를 의미하며, 주로 미군 부대에서 흘러나온 소시지나 햄 등을 주재료로 사용한 데에서 붙은 이름이다. 거기에 한국의 대표 음식인 찌개나 전골이 더해지며 새롭게 창조된 음식이다. 처음에는 한 가게에서 소시지, 햄, 베이컨 등에 당근과 양파 등을 넣고 버터에 볶아 술안주로 내놓았다. 그러다가 소주나 막걸리에는 얼큰한 국물이 제격일 테고, 끓이면 위생적으로도 좋으니 자투리 소시지나 햄 등에 고추장과 김치를 넣고 국물을 부어가며 끓였다. 그 후 이를 맛본 손님들이 다시 찾아오면서 일시에 인기 메뉴가 됐다고 한다. 서양 음식의 상징인 소시지·햄·치즈, 한국 음식인 김치·고추장·고춧가루·두부·떡가래 등 두 나라의 맛이 한 냄비 속에서 만나 국경과 세대를 초월한 별미가 되었다. 부대찌개는 한국 여인의 천부적인 눈썰미에서 비롯했고, 지금도 계속 새로운 맛으로 거듭나고 있다. ➔ 2권 머리글 31쪽

열구자탕

궁중에서 즐긴 국물 요리

글 · 한복려(궁중음식연구원장)

① 곁상. 다리가 있는 둥근 상을 원반이라 하고, 그 옆에 두는 조금 작은 상을 곁상이라 했다. 협반에는 주로 동물성 식품을 사용한 음식류를 담아 올렸다.

왼쪽 사진·갖가지 채소와 고기, 견과류, 달걀 지단 등을 색 맞춰 보기 좋게 둘러 담고 육수를 부어 끓이면서 먹는 신선로. '열구자탕'이라고도 부른다.
요리·한복려(궁중음식연구원장)
아래 사진·신선로는 화통이 달린 냄비를 이르는 말이면서 이것으로 만드는 음식 이름이기도 하다. 중간의 원통형 구멍에 숯불을 피우고 이를 둘러싼 둥근 용기에 각종 고기와 채소를 골고루 둘러 담는다. 사진의 신선로는 온양민속박물관 소장.

왕, 귀족, 평민, 천민으로 신분이 나뉘는 왕정 국가에서는 의식주에 차별이 많았다. 음식 역시 왕족이나 귀족은 다양한 재료로 만든 여러 가지 음식을 먹었고, 이는 그들의 권위를 상징했다. 궁중 음식은 크게 국가 의례 때 쓰는 음식과 왕족이 일상에서 먹는 음식으로 나뉜다. 1795년, 정조가 어머니 혜경궁홍씨의 회갑연을 하러 수원에 행차하며 8일간 끼니마다 먹은 상차림을 기록한 <원행을묘정리의궤園幸乙卯整理儀軌>를 보면 궁중의 일상식과 연회식의 국물 음식을 살필 수 있다. 그중 국물 음식은 조리법으로 분류되어 있다.

갱羹·탕湯·숙熟·연포軟泡

갱 … 밥과 짝을 이루는 국으로, 조리법을 보면 탕이나 숙이라 할 수 있다. 갱의 재료는 쇠고기·닭·꿩 등 고기와 생선, 채소다. 육류를 이용한 갱을 가장 많이 올렸고 채소갱, 생선갱 순서로 올렸다.

탕 … 잔치나 제사 때 올리려고 고기 건더기를 넉넉하게 넣고 끓인 국이다. 수라상에서는 별찬으로 여겨 협반俠盤①에 올렸다. <원행을묘정리의궤>에서는 채소나 생선으로 끓인 갱도 탕이라 했다. 육류를 재료로 끓인 잡탕雜湯, 초계탕醋鷄湯, 우미탕牛尾湯, 골탕骨湯, 골만두탕骨饅頭湯과 생선을 재료로 끓인 어장탕魚腸湯, 명태탕明太湯, 대구탕大口湯, 수어탕秀魚湯, 눌어탕訥魚湯, 합탕蛤湯, 낙제탕絡蹄湯, 죽합탕竹蛤湯, 추복탕搥鰒湯, 생복만두탕生鰒饅頭湯, 해탕蟹湯, 수잔지水盞脂, 그리고 채소를 재료로 한 토련탕土蓮湯, 제채탕薺菜湯, 백채탕白菜湯, 애탕艾湯, 태포탕太泡湯, 소로장탕蔬露長湯 등이 있다.

숙 … 고기나 생선 또는 닭을 오랫동안 푹 끓여 건더기가 부드럽고 국물이 뽀얗게 우러난 음식으로 양숙胖熟, 진계백숙陳鷄白熟, 생치숙生雉熟 등을 이른다.

연포 … 두부를 넉넉히 넣어 부드럽게 끓인 연포탕軟泡湯, 생치연포탕生雉軟泡湯 등이 대표적이다.

조치助致 · 증蒸 · 복기卜只 · 초炒 · 전煎 · 잡장雜醬 · 장증醬蒸 · 장자醬煮

조치 … 조치는 두 그릇에 각각 담아 올렸다. 고기·생선·조개·닭·꿩 등의 주재료에 두부나 채소를 부재료로 넣고 증·자·탕·복기·초·장 등의 조리법으로 만든 음식들이다. 건더기가 많고, 국물이 탕보다 적거나 자박자박한 정도의 것을 조치로 본다. 오늘날의 찌개, 지짐, 조림 등이 이에 해당한다.

증 … 소·닭·꿩 등의 내장이나 생선 등을 양념해서 되도록 부드럽게 끓이거나 중탕으로 찐 음식. 갈비증乫飛蒸, 곤자손증昆者巽蒸, 생복증生鰒蒸, 송이증松茸蒸, 수어증秀魚蒸, 연계증軟鷄蒸, 연저잡증軟猪雜蒸, 저포증猪胞蒸, 전치증全雉蒸, 해삼증海蔘蒸 등이 있다.

복기 … 양, 천엽, 말린 생선 등을 얇게 썰어 냄비에 기름을 두르고 국물이 바특하게 볶아낸 음식이다. 황육복기黃肉卜只, 천엽복기千葉卜只, 골복기骨卜只, 두태복기豆太卜只, 양복기胖卜只, 진계복기陳鷄卜只, 생치복기生雉卜只, 죽합복기竹蛤卜只 등을 말한다.

초 … 조개류나 마른 생선, 삶은 고기 등에 간장과 꿀을 넣고 윤기 나게 조리다가 녹말을 넣어 걸쭉하게 만든 달콤한 반찬이다. 숙육초熟肉炒, 저포초猪胞炒, 건청어초乾靑魚炒, 반건대구초半乾大口炒, 생복초生鰒炒, 낙제초絡蹄炒, 토화초土花炒, 죽합초竹蛤炒, 생합초生蛤炒 등이 대표적이다.

전 · 잡장 · 장증 · 장자 … 된장과 고추장 등으로 간해서 찌개와 조림의 중간쯤 되게 약한 불에서 오랫동안 끓이는 음식이다. 찌개 형태로 만든 지짐으로 잡장전雜醬煎이 있다. 붕어나 숭어 등에 된장·고추장을 넣고 끓인 찌개 같은 음식으로 부어잡장鮒魚雜醬과 수어잡장秀魚雜醬 등이 있고, 된장에 파·마늘 등 양념을 넣고 찐 쌈장 같은 음식으로 수어장증秀魚醬蒸이 있다. 잡장자雜醬煮와 수어장자秀魚醬煮는 생선에 된장 또는 고추장 등을 섞거나, 장을 넣어 양념해 찌개보다는 국물이 조금 더 있게 지져낸 것을 이른다.

궁중의 국물 요리 중 가장 비중을 많이 차지하는 것은 탕이다. 탕은 한 가지 재료만 건지로 쓰기보다는 갖가지 육류·어류·조류를 한 번에 넣고 같이 끓이는 것이 특징이다. 탕은 연회 음식으로 많이 쓰는데, 많은 사람이 고루 먹을 수 있는 많은 양을 수월하게 조리하려면 큰 가마솥에 넣고 함께 끓여야 효율성이 높았다. 소의 연한 살코기를 뺀 모든 부위(내장, 골 등)와 돼지고기, 닭고기, 꿩고기 등을 넉넉한 물에 넣고 오래 끓여 부드럽게 만들었다. 탕은 어떤 육류를 더 많이 썼는지에 따라 음식명이 정해지지만, 국물은 여러 가지 육류를 함께 끓인 것을 바탕으로 한다. 그리고 건지 위에 채소나 달걀로 전을 부친 고명을 올려 은은하게 장식했다.

궁중의 탕 이름 중에는 열구자탕, 금중탕, 잡탕, 수잔지처럼 주재료가 뚜렷하지 않아 재료를 짐작할 수 없는 것도 많다. 궁중에서는 지금처럼 된장이나 고추장으로 간을 하지 않았고, 거의 조선간장으로 간을 맞추었다. 국에 된장이나 고추장을 넣어 맛을 내는 경우는 계절 채솟국을 제외하고는 드물었다. 국물이 잘박하고 짭짤한 반찬처럼 만드는 조치에는 된장과 고추장을 사용했다. 오늘날 된장이나 고추장이 대세인 이유는 궁중에서처럼 다양한 음식을 먹을 수 없기에 찬수를 줄이고 장으로 맛을 많이 낸 때문이다.

궁중에서 가장 많이 먹은 탕은 열구자탕이다. 보통 화로가 붙어 있는 냄비를 신선로라고 한다. <원행을묘정리의궤>에 나타난 열구자탕 재료를 보면 하나의 탕을 만드는 데 얼마나 많은 재료를 사용했는지 알 수 있다. 동물성 식품은 사태, 양, 곤자소니, 등골, 우둔, 우설, 돼지고기, 진계(묵은닭), 꿩, 해삼, 전복, 숭어이며 채소류는 박고지, 표고버섯, 미나리, 고사리, 무, 파, 오이 등 20여 가지가 들어간다.

서양의 국물 요리는 따로 스톡을 만들어 건지를 적게 쓴다면, 한식 국물 요리는 국물을 내느라 고기나 멸치·생선 등의 건지를 풍성하게 넣고 이를 건져 내지 않고 그대로 먹는다.

궁중의 국물 요리 중 특이한 것이 있다. '고음'이란 것으로 육류를 장시간 끓여 건지가 다 녹아나도록 젤라틴화해서 먹는 것이다. 한국에서는 유교 사상으로 치아가 부실한 노인이 잘 먹도록 배려하는 차원에서 푹 끓이는 음식이 발달했다. 육류뿐만 아니라 곡물도 마찬가지로 푹 끓여 미음이나 죽을 만들었다.

도미면

임자수탕

게감정

열구자탕

열구자는 신선로 틀을 말한다. 소, 돼지, 닭, 꿩의 살코기와
내장을 푹 삶아 먹기 좋게 잘라 준비하고 갖은 채소와 해물,
달걀지단 등 여러 가지 고명을 색 맞추어 신선로 틀에 둘러 담아
육수를 붓고 끓이면서 먹는 탕이다(40쪽 사진).

도미면

봄철에 나오는 도미를 통째로 사용한다. 포를 뜨고 난 도미뼈를
구워 전골 틀에 깐 후 도미전을 부쳐 그 위에 도미 모양대로
담고, 쇠고기와 버섯을 양념해 그 옆에 깔고, 오색 고명으로
장식해 끓이면서 먹는 전골이다. 당면을 넣었다고 해서 이름에
'면'자가 붙었다. 여러 가지 생선과 고기 등을 되는 대로 넣어
끓이는 궁중의 냄비 요리인 승기아탕에서 유래했다고 본다.

임자수탕

여름철에 건강을 보양해주는, 보기에도 화려한 냉국이다. 닭을
푹 삶아 살을 가늘게 찢어 양념한 다음 오이, 황백 지단, 고추,
버섯 등을 네모지게 썰어 녹말을 묻히고 데쳐서 고명을 만든다.
볶은 참깨를 으깨어 닭 국물과 섞어 고소한 깻국물을 만든 다음
닭살과 오색 고명을 담은 그릇에 붓는다.

게감정

게로 만든 고추장찌개다. 게딱지를 떼어내고 게살을 모아
쇠고기, 두부, 숙주와 섞어 소를 만든다. 게딱지 안에 소를 가득
채우고 밀가루와 달걀을 묻힌 다음 지져서 찌개 건지를 만든다.
쇠고기장국에 고추장과 약간의 된장을 풀어 국물을 만들고,
게 지진 건지와 쑥갓을 넣고 끓인다.

국, 한국인의 일생과 함께 살다

글 · 윤덕노(음식 문화 칼럼니스트)

한국인은 생일날이면 온가족이 모여 앉아 밥과 미역국을 함께 나눠 먹는다. 미역국에 한국인의 국 사랑 DNA가 스며 있다는 말이 과언이 아니다.

한국인의 일상과 국 문화를 자세히 들여다보면 흥미로운 부분이 적지 않다. 국이라는 음식이 생활 구석구석까지 파고들어 있는데, 그 깊이가 상상을 초월할 정도다. 한국인은 태어나서 처음 먹는 음식이 국이고, 죽은 후에도 땅에 묻히기 직전까지 국과 연결 고리가 이어진다. 결혼식처럼 인생의 중대사가 있을 때에도 국을 먹고, 1년 중 특별한 날 그리고 명절에도 빠지지 않고 국을 먹는다. 속된 말로 국에 살고 국에 죽는 사람들이 바로 한국인이다.

나를 낳고 어머니는 미역국을 드셨다

한국인은 태어나자마자 우선 미역국을 먹는다. 이렇게 말하면 갓 태어난 아기가 엄마 젖을 빠는 대신 어떻게 음식을 먹을 수 있느냐, 그것도 뜨거운 미역국을 어떻게 먹느냐며 깜짝 놀랄 수 있다. 물론 갓난아이가 직접 미역국을 먹을 수는 없다. 당연히 엄마가 대신 먹는다. 한국에서는 옛날부터 산모가 출산 후 첫 음식으로 미역국을 먹는 풍속이 있다. 적어도 조선 시대 이전부터 600년 이상 이어져 내려온 관습으로 현대에도 이는 변함이 없다. 이렇게 산모가 출산 후 처음 먹는 미역국을 예전에는 '첫국밥'이라고 불렀다.

이쯤에서 반론의 소리가 들릴 수 있다. 첫국밥은 엄마가 먹는 음식이니 갓난아이가 먹는 음식이 아니고, 그렇다면 한국인이 태어나서 처음 먹는 음식이 미역국이라는 말은 잘못된 소리라고 지적할 수 있다. 물론 옳은 말이지만 엄마가 먹는 첫국밥, 미역국은 결국 모유 수유를 통해 아기에게도 전해지니 태어나자마자 미역국을 먹는다는 말이 상징적 의미에서 전혀 터무니없는 소리만은 아니다.

사실 첫국밥을 먹는 이유도 결국은 아기를 위해서다. 흔히 미역국은 출산 후 산모의 몸조리를 위해 먹는 것으로 알지만, 그게 전부가 아니다. 한편으로는 아기에게 좋은 모유를 먹이기 위해서도 먹는다. 미역에는 갓난아이의 성장 발육에 필요한 칼슘과 칼륨, 요오드 등의 무기질 성분이 풍부하게 들어 있다. 영

생일날 "생일을 잘 보냈느냐"라고 묻는 말
대신 "미역국은 챙겨 먹었느냐"라고 묻는
것이 일반적일 정도로, 한국인의 삶에
미역국은 중요한 음식이다.

양학적으로 그렇고, 인문학적으로는 또 다른 의미가 있다. 미역국은 아이를 점
지하는 것은 물론 출산과 성장을 돕는 수호신인 삼신할미에게 바치는 제물이
다. 미역국 자체가 신에게 바치는 제물이고, 그런 미역국을 먹는다는 것은 일종
의 의식(ritual)이었다.

출산 후 산모의 첫 식사인 첫국밥은 하얀 쌀밥에 미역국을 차려놓고 정화
수와 함께 삼신할미에게 바친 후에 먹는 일련의 행사였다. 제물로 미역국을 바
치는 것이었으니 한국 문화에서 국이 얼마나 중요한지 알 수 있다. ↱ 4권 '바다 이
끼와 함께한 한국인의 일생' 149쪽

장례식장에서도, 결혼식장에서도 국을 먹는다

한국인은 죽은 후에도 국과 맺은 인연을 쉽사리 끊지 못한다. 한국의 장례식에
서는 조문객에게 음식을 대접한다. 이때 빠지지 않는 음식이 역시 국이다. 보
통은 밥과 함께 육개장이나 쇠고기뭇국 등을 내놓는다. 어수선하고 복잡한 장
례식장인데도 취급하기 다소 불편한 국을 대접하는 것을 보면 역시 한국의 음
식 문화는 국과 떼려야 뗄 수 없는 관계에 있다.

탄생과 죽음에 버금가는 인생의 또 다른 중대사인 결혼식장에서도 옛날
에는 국을 먹었다. 과거형으로 표현하는 이유는 지금은 거의 사라진 풍속이기
때문이다. 하지만 용어만은 여전히 남아 있으니 바로 잔치국수다. 예전에는 결
혼을 축하하러 온 하객에게 반드시 잔치국수를 대접했다. 육수에 국수를 만 음
식이다. 밥이 아니라 국수를 내놓은 것은 옛날에 한국에서는 국수가 특별한 음
식이었기 때문이다. "국수를 먹으면 오래 산다"라는 말이 있을 만큼 국수는 장
수를 상징하고 행운을 비는 음식이었다. 그렇기에 잔치국수에는 갓 결혼한 부
부의 백년해로를 축복하는 의미가 담겨 있었는데, 현대에 들어서면서 너무 저
렴한 음식이 된 까닭인지 결혼 축하 음식에서 거의 제외됐다.

귀 빠진 생일 날에도 명절에도 국, 국

한국인이 특별한 날 국을 먹는 풍속은 인생 중대사에만 국한된 것이 아니다. 요
즘에도 한국인은 기념할 만한 날이면 대부분 국을 먹는다. 예컨대 한국인의 생
일 음식은 미역국이다. 생일날 서양에서는 케이크를, 중국에서는 장수면이라

는 이름의 국수를 먹고, 일본에서는 전통 생일 음식이 팥밥이었다. 한국에서는 이와 달리 미역국을 먹는다. 왜 하필 미역국이 생일 음식이 됐는지는 설명하기 복잡한데, 앞서 산모가 미역국을 먹는 이유와 마찬가지로 성장 발육에 좋고, 수호신에게 바치는 제물이라는 이유 등등 여러 가지로 설명할 수 있다. 어쨌든 특기할 만한 부분은 다른 나라와 달리 한국인에게는 생일 축하 음식이 특별히 '국'이라는 점이다.

생일 음식뿐만 아니다. 중요한 명절에 먹는 음식에도 국은 빠지지 않는다. 설날 음식의 핵심은 떡국이다. 떡국의 기원은 한 해가 시작되는 날, 하늘의 신에게 1년 동안 풍년과 건강과 행복을 기원하며 바치는 제물에서 유래한다. 새해에 하늘에 바치는 제물이 국이고, 한 해의 첫날을 국으로 시작하는 것이 한국의 음식 문화다.

수확을 기뻐하고 조상에게 감사드리는 추수 감사의 성격도 있는 추석 명절 음식에도 국이 빠지지 않는다. 많은 한국 가정에서는 추석날 송편과 함께 토란국을 끓인다. 왜 하필 토란국인지는 역시 설명하기 복잡하지만, 토란은 한·중·일 공통의 추석 명절 음식이다. 고대 동양에서는 토란이 쌀 다음가는 주요한 곡식이었기 때문일 것이다.

어쨌든 1년 농사를 기준으로 보면 절기상 봄의 시작, 즉 농사가 시작되는 설날의 떡국부터 가을철 수확으로 농사를 마무리 짓는 추석의 토란국까지 한국에서는 1년을 국에서 시작해 국으로 마감하는 셈이다.

태어났을 때 먹는 첫국밥부터 각종 명절 음식은 물론, 일상적으로 먹는 하루 세끼에서도 국을 빼놓지 않는 사람이 한국인이고, 술 마실 때도 국이나 찌개로 안주를 하며, 숙취에 시달릴 때도 해장국으로 속을 달래는 것이 한국인이다. 이렇듯 한국인의 일상에서 국은 단순한 음식일 뿐만 아니라 생활의 일부분이라 할 수 있다.

한국의 패스트푸드는 해장국

국이 한국인의 일상생활에 얼마나 깊숙이 들어와 있는지는 한국의 전통적인 패스트푸드에서도 알 수 있다. 패스트푸드는 세계 어디에서든 일반 대중, 서민의 생활을 반영하는 음식이다. 미국을 대표하는 간편 음식은 햄버거다. 빵 사이에 고기 패티를 끼워 먹는 일종의 샌드위치다. 영국의 패스트푸드 역시 샌드위치이고, 조금 더 확대하면 영국 사람이 국민 음식이라고 말하는 피시 앤드 칩스도 꼽을 수 있다. 햄버거는 미국의 산업화 시기에, 샌드위치와 피시 앤드 칩스는 영국의 산업혁명 시기에 발달한 음식이다. 최대한 빠르고 효율적으로 영양을 보충하고, 에너지를 얻어 다시 일을 하려고 먹은 음식이다.

중국의 대표적 패스트푸드는 예나 지금이나 만두다. 한국에서 먹는 것과 같은 종류의 만두가 아니라 발효한 밀가루 덩어리를 쪄낸, 중국 발음으로 만터우(饅頭, mantou)라는 음식이다. 중국 노동자 대부분은 보통 만터우 한두 개에 자차이라고 하는 무절임을 반찬 삼아 끼니를 때운다. 일본의 전통 패스트푸드 중 하나는 초밥이었다. 지금은 초밥이 고급화됐지만, 원래는 18~19세기 일본에서 상공업이 발달하던 시기에 간편하게 먹던 길거리 음식이다. 돈부리라고 알려진 일본 덮밥도 이때 간편 음식으로 발달했다. 상인과 노동자는 맨밥 위에 고기나 튀김 한 조각, 해산물이나 채소 한 조각 얹어서 후다닥 먹고 다시 일터로 나가곤 했다.

미국의 햄버거나 영국의 피시 앤드 칩스, 중국의 만터우나 일본의 초밥 또는 돈부리에서 공통점을 찾는다면 국물이 한 방울도 없다는 점이다. 그냥 먹으면 목이 메니까 따로 물을 마시거나 청량음료, 차, 혹은 일본식 된장국인 미소시루를 마셔야 한다.

그렇다면 한국의 전통 간편 음식은 무엇이었을까? 주먹밥이나 김밥이었을까? 아니다. 주먹밥은 비상식량일 뿐 패스트푸드는 아니었고, 옛날의 김밥은 간편식이라기보다는 별미 음식에 가까웠다. 한국의 전통 간편 음식은 국밥이었다. 지금은 주로 해장국이라고 부르는 음식이다. 한국은 국밥이 엄청나게 발달한 나라다. 콩나물국밥을 비롯해 설렁탕이나 선지해장국, 돼지국밥 혹은 순댓국 등 뜨거운 국물에 밥을 말아 먹는 국밥은 이루 헤아리기 어려울 정도로 가짓수가 많다.

한국에서는 이런 국밥이 언제 어디서 어떻게 발달했을까? 해장국인 전통 국밥은 원래 대부분 시장에서 발달한 음식이다. 보부상을 비롯한 상인들 그리고 서민들이 장터를 오가며 빨리, 간편하게, 든든히 밥을 먹기 위해 생겨난 간편식인 것이다. 국밥은 국물이 있는 음식인 데다 뜨겁기 때문에 빨리 먹기도 힘든데, 이런 음식이 어떻게 간편 음식이고 패스트푸드가 될 수 있느냐고 반문할 수도 있겠다. 한국 전통 식사의 기본은 국과 밥이다. 국과 밥을 격식에 맞춰 제대로 먹으려면 따로 먹어야 한다. 처음부터 국에 밥을 말아 먹는 것은 정식 식사법이 아니다. 그러니 처음부터 국에 밥을 말아서 먹는 국밥은 나름대로 절차를 상당히 줄인 간편 음식, 바로 패스트푸드라 할 수 있다.

격식을 허물고 처음부터 국에 밥을 말았으니 국밥이 지체 있는 양반의 식사는 아니었다. 한국 전통 식사의 기본은 국과 밥이니 사실 양반의 식사건 상민의 음식이건 국밥은 옛날부터 먹었고 역사도 오래됐을 것 같지만, 그렇게 단순하지 않다. 물론 국물에 밥을 말아 먹은 역사는 오래됐지만, 그렇다고 우리 음식 문화에서 국밥이 널리 퍼진 역사 또한 그만큼 오래됐다고 말하기는 쉽지 않다. 국밥은 상업의 발달, 시장의 확산과 궤적을 같이하기 때문이다. 한국의 전통 간편 음식인 국밥 역시 일본의 초밥, 돈부리 같은 간편 음식과 비슷하게 18세기 무렵부터 퍼졌다. 지역별로 다양한 국밥이 생겨나면서 전국적으로 퍼졌는데, 이유는 조선에서도 18세기부터 상품 유통이 활발해지면서 시장이 발달했기 때문이다. 19세기 초인 1808년에 발행한 조선 시대 경제서 <만기요람萬機要覽> '재용'에는 조선 팔도에 1061곳의 시장이 있고, 전국적으로 오일장 체계를 갖췄다고 나온다. 이렇게 각지에 시장이 발달하면서 장터를 오가는 수많은 사람과 상인이 장국밥을 먹은 것이 국밥 발달의 시작이었다. 고대 서양의 로마 시대부터 현대에 이르기까지 동서고금에서 패스트푸드가 발달한 과정과 그 맥락을 같이한다.

다만 다른 나라와 비교해보면 한국에서는 뜨거운 국물이 있는 국밥 문화로 발달했다는 것이 독특한데, 한국에서는 기본적으로 국 문화가 발달해 있었고, 한국인의 식성이나 기후 풍토 역시 국과 밀접한 관련이 있기 때문인 것으로 보인다. 현대 한국의 대중음식점 메뉴 가운데 해장국, 즉 국밥이 많은 부분을 차지하는 것 역시 마찬가지 이유일 것이다. 현대를 살아가는 한국인의 일상에서, 그리고 한국의 음식과 문화에서 국이 얼마나 뿌리 깊게 녹아 있는지를 전통 간편식 국밥에서도 찾아볼 수 있다.

탕국 맛에 숨은 과학

글 · 최낙언(식품공학자)

한국의 웬만한 식당에 가서 설렁탕을 주문하면 바로 나온다. 하지만 설렁탕의 핵심을 이루는 육수는 몇 시간 전부터 계속 끓여서 준비해놓은 것이다. 이렇게 오래 끓이는 조리법은 동물성 콜라겐을 최대한 섭취할 수 있게 해준다. 우리 몸의 단백질은 10만 종이 넘는데, 그중에서 콜라겐이 23~35%를 차지할 만큼 압도적으로 많다. 우리 몸의 피부, 뼈, 연골, 혈관 벽, 힘줄 등의 단단함은 모두 이 콜라겐 덕분이다. 근육은 액틴actin과 미오신myosin이라는 단백질로 이뤄져 있고, 이들도 상당히 단단하지만 콜라겐은 이보다 100배나 단단한 조직을 만들 수 있다. 질기기로 소문난 고래 힘줄도 콜라겐이다.

고기의 탄력에는 근육과 콜라겐이 중요한데, 가벼운 움직임만 하는 작은 근육은 약한 콜라겐과 얇은 근섬유를 가지고 있어 연한 반면, 강력한 힘으로 격렬한 운동을 담당하는 큰 근육은 강한 콜라겐과 두꺼운 근섬유를 가졌기에 질기다. 그러니 고기를 제대로 요리하지 않으면 제대로 된 맛을 느낄 수 없고, 소화 흡수도 불가능하다. 콜라겐은 가열하면 부드러운 젤라틴으로 변화한다. 물론 쉽지는 않다. 나이 든 동물일수록 많이 사용한 근육의 콜라겐 교차 결합이 증가해 더욱 단단하다. 이런 콜라겐을 분해하려면 충분히 긴 시간 동안 높은 온도로 가열해야 한다.

소뼈를 8시간 정도 가열하면 뼈의 콜라겐 중 20% 정도가 젤라틴 형태로 우러나온다. 그래서 옛날부터 소뼈를 구하면 국물을 우리고 또 우려냈다. 고기는 풍미가 탁월했지만 값비싼 재료였고, 뼈와 껍데기는 풍미가 떨어지지만 저렴하면서도 젤라틴 공급원으로는 훌륭했다. 다시 말해 고기로 만든 육수가 가장 풍미가 좋지만, 잡뼈와 돼지 껍데기 등으로 만든 육수도 젤라틴을 풍부하게 함유해 깊은 맛이 나면서 영양 면에서도 좋다. 그러니 예부터 육수는 고기와 뼈 등을 적절히 섞어서 만들었다.

생선도 탕으로 끓이면 훌륭한 육수가 된다. 어류는 육상동물처럼 몸집이 단단할 필요가 없으므로 교차 결합된 콜라겐이 적어서 훨씬 더 낮은 온도에서 용해된다. 난류 어종의 젤라틴은 25℃ 전후에서 녹고, 한류 어종의 젤라틴은

10℃에서 녹을 정도다. 그러니 생선은 소뼈처럼 오래 끓이지 않아도 감칠맛 풍부한 국물이 된다. 이 같은 동물성 국물은 자체로는 맛의 특징이 약하지만, 음식에 사용한 모든 식재료의 맛을 제대로 살려주고, 여러 가지 맛이 어우러져 깊은맛을 내는 데 결정적 역할을 한다.

감칠맛의 다다익선

한국인은 국물을 낼 때 주로 다시마와 멸치를 같이 사용해 감칠맛을 살린다. 감칠맛에는 다른 맛에서 보기 드문 재미있는 현상이 있는데, 바로 감칠맛의 상승작용이다. 감칠맛의 재료는 한 가지를 쓸 때보다 여러 가지를 함께 쓰면 사용량에 비해 감칠맛이 엄청나게 증가한다. 이는 아미노산계인 글루탐산(MSG)과 핵산계인 이노신산(IMP)이나 구아닐산(GMP)이 만나서 일으키는 현상이다. 다시마에는 글루탐산이 풍부하고, 멸치에는 이노신산이 많다. 그리고 이들이 50:50으로 만나면 감칠맛이 일곱 배까지 증폭한다. 이노신산을 10%만 혼합해도 감칠맛은 다섯 배 이상 증가하고, 1%만 혼합해도 두 배가 증가한다. 그리고 버섯에 풍부한 구아닐산은 이노신산보다 더 강력해서 글루탐산과 50:50으로 만나면 감칠맛이 무려 서른 배나 증가한다. 10%만 혼합해도 스무 배, 1%만 혼합해도 다섯 배나 상승한다. 국물 요리 재료에 버섯을 자주 사용하는 이유다.

　해산물 중에서 국물 요리에 많이 사용하는 조개류에서는 글루탐산과 이노신산, 호박산이 감칠맛을 낸다. 이 중에서 호박산은 조개류의 고유한 감칠맛을 담당하고, 한국인이 사랑하는 재료인 마늘은 각종 국과 찌개에 깊은맛을 더하며 특유의 풍미를 낸다. 사실 마늘은 요리에 잘 활용하기가 은근히 까다로운 재료다. "고약한 향기의 장미"라고 부를 만큼 풍미가 강하고, 뜨거운 열을 가하거나 다질 경우 눈물이 날 만큼 매운맛을 지녔기 때문이다. 하지만 마늘의 메틸페닐다이설파이드methylphenyldisulfide가 혀의 감칠맛 수용체를 자극해 감칠맛을 크게 증가시킨다.

국물 맛 내는 재료

생 선

생태

잡은 지 얼마 안 돼 신선한 명태를
생태라 부른다. 명태를 얼린 것을
동태라고 하는데, 이 역시 국·찌개의
재료로 많이 쓴다.

꽃게

다리가 단단하게 붙어 있고 배를 눌렀을
때 탄력 있는 것이 좋다. 살이 별로 없는
다리와 껍데기만으로도 국물맛을
충분히 낼 수 있다.

아귀

험상궂고 우악스러운 생김새
때문에 아귀라는 이름이 붙었다.
하지만 생김새와 달리 쫄깃한
맛이 일품이며, 비타민 C 등
영양분도 풍부하다.

조기

'기운을 북돋워준다'는
의미를 담고 있다.
살이 연하고 담백해서 굽거나
매운탕으로 끓여 먹는다.
배가 선명한 노란색을 띠는 것이
한국산이다.

도미

돔이라고도 하며, 몸 전체가
담홍빛을 띠는 참돔은 '바다의
여왕'이라 불린다. 예부터
도미탕은 민어탕과 함께 복달임
음식으로 자주 상에 올랐다.

대구

한자 대구大口라는 이름 그대로
입이 큰 생선. 한국에서는 겨울이
제철이며, 무와 파를 넣고 푹
끓여 매운탕이나 맑은 탕으로
즐긴다.

오징어

쫄깃한 식감 때문에 한국인이 즐겨
먹는다. 다른 어패류보다 두세 배 많은
타우린이 들어 있는데, 마른 오징어
껍질에 생기는 흰 가루가 그 성분이다.

우럭

예부터 수라상에 오른 생선으로
조피볼락이라고도 한다.
함황아미노산을 많이 함유해 간
기능 향상과 피로 해소에 도움이
된다. 매운탕으로 즐겨 먹지만,
일부 지역에서는 산모 보양식으로
미역국을 끓이기도 한다.

조개류와 건어물

홍합

비타민·칼슘·단백질 등이 풍부한
고영양 식품으로, 한방에서는 살을
삶아 말려서 약으로 쓰기도 한다.

참백합

백합은 참백합, 개백합, 생백합
등 여러 종류가 있으나 맛은
비슷하다. 참백합은 '조개의
여왕'이라 일컬으며, 크기가 커서
대합이라고도 부른다. 타우린,
베타인, 핵산류, 호박산이
어우러져 알코올 성분을 분해해
숙취 해소에 좋다.

바지락

흔하기도 하고 양식하기도
쉬워 한국에서는 예부터
가장 즐겨 먹어온 조개.
칼국수 국물 내는 데 가장
많이 사용한다.

모시조개

한국에서는 가을부터 봄까지가
제철로 가장 맛있다. 타우린과
아미노산을 많이 함유해 간 해독에
도움이 된다.

생백합

마른 멸치

길이가 7~8cm 되는 것이 국물용 멸치다.
유속이 빠른 남해안에 'V'자형으로
설치한 대나무 발로 잡은 죽방멸치를 최고로 친다.
은빛이 돌고 맛봤을 때 너무 짜지 않으며
구수한 것이 좋다.

북어

겨울에 명태를 잡아서 말린
것. 생태보다 오래 저장할
수 있고, 가격도 저렴하다.
단백질과 비타민 B_2,
필수아미노산이 풍부하다.

마른 새우

붉은색의 수염새우와 검은빛이 도는
보리새우를 국물 내는 데 주로 쓴다.
머리를 떼지 않고 통째로 쓰면 국물에
감칠맛을 더해준다.

디포리

멸치보다 크고 달큼한 맛이
난다. 마른 멸치보다 더 진한
국물을 낼 때 사용한다.

굴비

경상도에서는 제사상의 탕국이나 제사 후 남은 음식을 넣고 끓여 먹는 용도의 '간국'이 발달했다. 굴비로 간국을 끓일 때 고사리를 넣으면 부족한 섬유소를 보충할 수 있다.

민어

민어民魚라는 이름처럼 '국민의 물고기'. 예부터 많이 잡혀서 널리 먹은 생선으로, 주로 찜이나 탕으로 만들어 먹는다. 말린 민어는 민어 굴비라고 부른다.

도미

지방이 적고 살이 단단해서 찜이나 탕으로 많이 즐긴다. 맛이 가장 뛰어난 것은 봄철에 분홍빛을 띠는 참돔이다.

돼지고기, 닭고기

돼지 족발

조리하기 전에 특유의 냄새를 없애기 위해 흐르는 물이나
소금물에 담가놓았다가 파, 마늘, 생강을 함께 넣고 끓인다.
젤라틴이 풍부해 피부 미용과 노화 방지에 좋다.

돼지 등뼈

뼈마디에 박힌 살을 발라 먹는 재미가 있는 등뼈는 주로 감자와
우거지를 넣고 감자탕을 끓여 먹는다. 조리하기 전에 찬물에
담가 핏물을 충분히 빼야 한다.

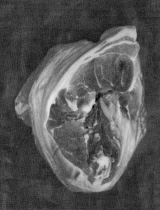

돼지 앞다릿살

운동량이 많은 근육으로 구성돼 육색이 짙고 결이 거칠다.
육향이 진하며 육즙이 풍부해 돼지고기 단백질 맛을
음미하기에 좋은 부위. 특히 비타민 B_1이 많이 들어 있다.

닭고기

한국에서 여름 보양식으로 널리 사랑받는 닭고기는 양질의
단백질과 지방질을 함유하며 칼로리도 낮다. 여러 부위 중
젤라틴 성분이 많은 날갯살을 국물 내는 데 쓴다.

홍두깨살

뒷다리 안쪽 우둔살 옆에 홍두깨 모양으로
붙어 있는 부위. 지방이 거의 없는 살코기이며
육즙이 진해 육개장용으로 제격이다.

사골

소의 다리뼈로, 소 한 마리에서 사골이
8개 나온다. 사골국은 주로 보양식으로
끓여 먹는데, 찬물에 담가 핏물을
꼭 빼야 한다. 단면적이 유백색이고
골밀도가 치밀한 것이 좋다.

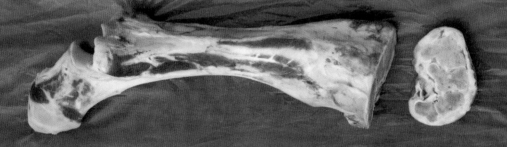

양지

앞가슴에서 배로 이어지는 부위. 근육은 많고 지방은 적어
결대로 손질하면 씹는 맛을 즐길 수 있다. 이 부위에서
가슴 쪽에 가장 가까운 양지머리는 근육이 많아 국거리나
장조림용으로 쓴다.

양

소의 위는 4개인데 그중 첫 번째 위를 가리킨다. 짙은 갈색의
융기들로 덮여 있고, 거칠고 단단한 근섬유 다발인 '양깃머리'가
양胖을 받치고 있다. 단백질과 비타민이 많이 들어 있다.

갈비

질긴 근막으로 둘러싸여 있고, 이 근막을 제거한 갈비는 쫄깃한
식감과 구수한 육향이 일품이다. 물에 넣고 오래 끓이면 근막이
부드럽게 풀리고, 갈비뼈에서 진한 육즙이 우러나온다.

꼬리

보통 꼬리뼈에 붙어 있는
살코기가 두툼할수록 상품으로
친다. 사골과 마찬가지로 찬물에
담가 핏물을 뺀 뒤 끓여야 한다.

도가니

무릎관절을 이루는 종지뼈와 그 주변의
투명한 힘줄이 도가니다. 칼슘, 무기질,
인이 많은 도가니는 오랜 시간 폭 고아
도가니탕으로 즐긴다.

족

콜라겐이 풍부한 소의 발.
우족탕을 끓여 먹거나
오래 고아서 차게 식힌 뒤
굳혀 편육을 해 먹는다.

사태

소의 다리를 가리키는 순우리말
'샅'에서 유래한 말. 앞사태를 물에 넣고
약한 불에서 오래 가열하면 콜라겐이
젤라틴처럼 부드럽게 변한다.

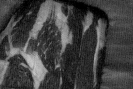

곱창

소의 소장으로 콜라겐이나 엘라스틴, 철분, 비타민이 많이 들어
있다. 곱창은 특유의 냄새를 제거하는 것이 중요한데, 먼저 찬물에
담가 핏물을 빼고 마늘이나 생강으로 잡냄새를 없앤다.

고고 또 고아, 곰탕과 설렁탕

글·성석제(소설가)

한국의 이름난 설렁탕집에서는 가마솥 불을 24시간 내내 끄지 않는다. '씨육수'를 보존해서 새로운 탕에 섞어 계속 끓인다.

전 세계적으로 한국 사람처럼 다양한 식재료를 물에 넣고 끓여서 국이나 찌개 (수프)로 만들어 먹는 민족은 없을 것이다. 소·닭·돼지 같은 가축과 사슴·꿩 같은 야생동물뿐 아니라 김치, 된장, 두부, 우거지, 가공육, 해물, 감자, 두부, 콩나물 등을 넣어 만든 국과 찌개가 있고 제사나 명절 이후 남은 음식을 모두 한꺼번에 넣고 끓이는 잡탕찌개(섞어찌개)에서 정점을 보여준다. 부대찌개처럼 외국산·국내산 재료가 한데 어우러진 것에 흘러간 역사까지 첨가된 국물 요리도 있다. 이토록 국물을 좋아하는 민족에게 전통과 맛, 접근성, 편의성 등에서 가장 설득력 있는 음식을 꼽으라면 설렁탕과 곰탕이라 할 수 있겠다.

온 나라 사람이 함께 즐기는 설렁탕

설렁탕은 사골과 도가니, 내장, 발, 양지머리 또는 사태 그리고 우설牛舌, 허파, 지라 등과 잡육을 뼈째 모두 한 솥에 넣고 끓인 국물에 밥을 만 음식이다. 대체로 뚝배기에 밥을 담고 끓는 육수를 부은 다음 편육으로 만들어놓은 고기를 얹지만, 밥 따로 국 따로 내는 등 음식점마다 다르다. 일반적으로 음식점에선 쇠고기를 물에 넣고 10시간 이상 끓여 국물을 우리는데, 집에서는 6시간 정도 끓이면 충분하다.

설렁탕을 요소별로 크게 나누자면 '물+불+시간+쇠고기+내장+뼈+밥+양념+소금+(국수)'이라 할 수 있겠다. 서양의 스테이크나 햄버거 패티, 한국의 숯불구이, 일본의 야키니쿠(燒肉)는 직화 또는 간접 방식으로 쇠고기를 가열한 후 소스(양념)를 더해 곧바로 먹는 게 일반적이다. 물론 여기에도 시간이 들지만 설렁탕에 들이는 시간에 비할 수는 없다. 기름기를 걷어내며 한나절 이상, 심지어 하루 24시간 이상 푹 끓인 설렁탕 맛은 단순한 동물성 단백질이나 조미 성분이 아닌 시간과 정성에서 나온다. 설렁탕 전문 음식점 가운데 24시간 영업을 하는 노포가 여럿 있는데, 어차피 밤새 잠 못 자고 국물을 끓일 것이라면 장사를 해가면서 하자는 데서 착안한 게 아닌가 싶기도 하다.

이름부터 범상치 않은 설렁탕의 어원에 대해서는 여러 가지 설이 있으나, 가장 유력한 가설은 고려 시대에 기원해 조선 시대에 본격화한 선농단先農壇의 제사와 친경親耕을 기원으로 보는 것이다. 조선 시대에는 임금이 경칩이 지난 봄철 좋은 날에 궁궐 동쪽(현재 서울 용두동)에 자리한 선농단에 가서 농경과 연관 있는 두 신, 신농씨神農氏와 후직씨后稷氏를 기리는 제사를 지내고, '친히 소를 몰아 밭을 가는' 모범을 보이는 의식을 치렀다. 행사가 끝나면 백성에게 술과 음식을 내렸는데, 그때 가장 적은 재료로 가장 많은 사람이 먹을 수 있는 음식을 만든 게 설렁탕이며, 그 국밥을 '선농탕'이라 했다는 것이다. 세월이 흐르면서 선농탕이 설농탕이 되고, 설렁탕이 되었다고 한다. '설'이라는 글자에서 눈(雪)을 연상하고, 설렁탕의 뽀얀 국물과 연관시켰을 수도 있다.

이에 대해 이의를 제기하는 쪽에서는 조선 시대의 기록에서는 설렁탕을 찾아볼 수 없다고 하고, 몽골어 '슈루' '슐루'에서 기원을 찾기도 한다. 몽골어로 슈루, 슐루는 고기를 맹물에 삶은 국물을 가리킨다. 큰 가마솥에 소 두 마리(혹은 양 열두 마리)를 넣고 오래도록 끓여서 소금을 가미해 국물과 고기를 함께 먹었으며, 국물 이름을 중세 몽골어로 '슐런'이라고 한 데서 '설렁'이라는 단어가 나왔다는 것이다. 마지막으로 국물을 오랫동안 '설렁설렁' 끓인 데서 유래했다는 설도 있다.

소뼈에는 칼슘과 콜라겐 같은 영양분이 풍부한 데다 소뼈 우린 국물의 맛이 구수해 좋아하는 사람이 점점 늘어나고 있다. 따뜻한 설렁탕의 뽀얀 국물과 하얀 밥알이 담긴 숟가락에 발그레한 김치 한 조각 얹어 한입에 먹는 맛, 그 한 숟가락의 압도적 완성도를 잊지 못하는 사람이 많다. 설렁탕에 넣는 고기는 내장보다는 고급 부위인 양지머리처럼 씹고 소화하기 쉬운 것들이며, 양이 많지는 않았다. 내장이나 뼈, 머릿고기를 끓일 때 나는 잡냄새를 완화하기 위해 파나 마늘 같은 양념을 많이 썼다. 그리고 설렁탕에 말아 먹는 흰밥 한 그릇이나 미리 담겨 나오는 두어 주걱의 밥은 배를 든든하게 해주고, 뜨거운 국물은 추위와 외로움을 녹여주는 역할을 했다.

밥과 함께 설렁탕에 넣기도 하는 국수(소면)는 1970년대에 혼·분식 장려 운동에 참여하는 의미에서, 또는 부족한 밥의 영양을 보충하기 위해 넣었다는 설이 있다. 설렁탕집에만 가면 그 국수를 두세 번씩 더 달라는 사람도 있었다.

"왜 그렇게 찔끔찔끔 국수를 달래요? 주인 귀찮게. 그냥 나가서 아예 국수를 한 그릇 사 드시죠?"

내가 묻자 그 사람은 "아 참 내… 공짜니까. 나는 1970년대부터 국수를 넣어준 설렁탕을 먹기 시작했거든. 이 국수 맛은 설렁탕 아니면 절대 안 난다고"라고 답했다. 정작 식당 주인은 삶은 국수를 소쿠리에 듬뿍 담아 가지고 다니면서 좀 더 달라는 사람에게 공짜로 주고 있었다. 그러니까 그 집 국수는 주인의 넉넉한 인심을 보여주는 역할도 한 것이다.

고깃국다운 고깃국, 곰탕

곰탕의 어원과 유래에도 다양한 설이 있다. 설렁탕과 마찬가지로 고려 시대에 몽골인이 맹물에 고기를 넣고 끓인 국물 슐루, 슐루를 우리말 '뭉그러지도록 익히다, 푹 끓이다'라는 뜻의 '고다'와 연관해 '공탕空湯'으로 불렀는데 이것이 '곰탕'으로 변했다는 설이 가장 일반적이다(조선 영조 때 간행한 몽골어 교재 <몽어유해蒙語類解>의 기록). 조선 말기 조리서 <시의전서>에는 곰탕을 '고음膏飲'이라고 기록했다.

오늘날에는 설렁탕과 곰탕이 재료나 조리법, 맛에서 상당한 상호 접근을 이루어 일반인이 곰탕과 설렁탕을 구별하기가 여간 어려운 일이 아니다. 원래 곰탕은 고기와 깔끔한 내장 등 비교적 고급 부위로 국물을 내고, 뼈를 많이 쓰지 않아서 설렁탕의 뽀얀 국물과 대비되는 맑은국이었다. 하지만 현재 사골곰탕으로 팔리고 있는, 소의 다리뼈(짐승의 네 다리를 '사골四骨'이라 하는데 사골곰탕과 보양식인 곰국에는 소의 네다리뼈가 들어간다)를 우린 국물은 우윳빛이라는 말까지 듣고 있으며, 꼬리뼈를 끓여 만든 꼬리곰탕도 뽀얗지는 않지만 맑은국이라고 말할 수는 없다. 서울에서도 맑은 국물과 진한 풍미를 고집하는 곰탕 전문 음식점이 있는 한편, 뽀얀 국물을 선호하는 소비자를 위해 설렁탕에 가까운 빛깔의 곰탕을 파는 곳도 많다. 전국 3대 탕으로 꼽히는 곰탕도 재료와 맛, 빛깔이 각기 다르다. 경상도 현풍 곰탕은 소꼬리, 소의 발과 내장이 주로 들어가고 국물은 뿌옇다. 해주 곰탕은 원래 모습이 어땠는지 확인하기는 어렵지만, 대를 이어 운영한다는 음식점의 곰탕 국물은 흰 편이고 뼈를 쓰지 않으며 고기를 주로 쓴다. 토렴한 고기가 들어 있는 나주 곰탕이 가장 맑다.

어떤 형상의 곰탕이 우월한 것이 아니고 변해가는 입맛과 시속時俗에 따라 곰탕 또한 본질이 바뀌어가는 것이다. 이러한 추세에 대응해 곰탕은 한 종류인 설렁탕과 달리 여러 종으로 다변화되었다. 꼬리곰탕, 양곰탕에 도가니탕,

우족탕도 곰탕에 포함된다. 심지어 닭고기를 재료로 쓰는 닭곰탕을 곰탕 가족
으로 보기도 한다. 그러고 보면 곰탕을 정의할 때는 소에서 나오는 다양한 식재
료 말고도 오래도록 곤다는 과정 자체가 중요한 것으로 보인다.

　　설렁탕과 곰탕의 주재료가 되는 쇠고기를 한민족은 언제부터, 어떻게 먹
기 시작했을까? 고려 시대에는 불교문화의 영향으로 소를 잡아먹는 것 자체를
기피했고, 토종 소의 크기도 그리 크지 않았다고 한다. 조선 초기에 오키나와에
서 들어온 덩치 크고 힘 좋은 물소와 토종 소를 교배해 종자 개량을 했는데, 농
사에 투입할 노동력을 키우려는 목적에서였다. 그 결과 조선의 소는 동북아시
아에서 가장 큰 몸집을 지니게 되었고, 17세기 접어들어 소 사육 두수는 100만
마리까지 증가했다. 이에 따라 조선 사람들은 자연스럽게 쇠고기 맛에 눈을 뜨
게 되었고, 전역에 시장이 형성되고 인구가 급증하면서 쇠고기에 대한 수요는
폭증했다. 17세기 후반 <승정원일기承政院日記>에는 "도성과 각 고을에서 하
루에 도축하는 소가 1000마리"라는 기록도 나온다. 당시 조선의 연간 1인당 쇠
고기 섭취량은 약 4kg으로 300여 년 후인 1995년의 후예들과 비슷한 것으로
추산한다. 한편 상업이 발달하고 시장이 많아지면서 오늘날의 인스턴트식품
처럼 한번에 손쉽게, 또 영양을 충분히 공급하면서도 맛있게 먹을 수 있는 국밥
이 대거 등장했는데 그중에서도 쇠고기국밥, 쇠고기국밥 가운데서도 설렁탕
과 곰탕이 대표 자리를 차지했다. 설렁탕과 곰탕을 좋아하는 기호는 일찍이 한
국인의 유전자 속에 내재되었거나, 후천적 입맛으로 대물림되었을 가능성이
크다. 그 결과 쇠고기의 풍부한 영양과 맛은 이 땅에서 살아가는 사람들에게 충
분한 만족감을 안겨주었다. 그 만족감 또한 '맛있음'에 포함되었을 것이다.

　　한 가지 확실한 건 수백 년 동안 쇠고기를 먹어온 한민족만큼 다양하고 맛
있는 요리를 만들어 먹는 민족은 없다는 것이다. 진정한 음식의 맛은 유전자가
환호하는 영양과 맛뿐 아니라 편의성, 따뜻한 위안, 정성스레 곤 국물에 밥을
말아서 뚝딱 비웠을 때의 든든한 만족감, 함께 같은 곳에서 같은 시대를 살아가
는 사람끼리의 강력한 연대를 형성하게 해주는 데에서 완성되는 게 아닐까. 고
깃국의 본령에 가장 충실한 곰탕과 '온 나라 사람이 함께 즐긴다(與民樂)'라는
뜻과 역사가 담긴 설렁탕이야말로 한국 음식의 백미라 할 수 있겠다. 설렁탕과
곰탕이 어디서나 쉽게 볼 수 있는 음식으로 살아남은 데는 충분한 이유가 있다.

서울의 소문난 국밥 노포

글 · 박찬일(요리사, 음식 칼럼니스트)

청 진 옥 ⋯ 한국에는 해장이라는 문화가 있다. 술을 마신 다음 날 뜨거운 국물 음식으로 속을 달랜다. 외국에도 해장 문화가 없는 것은 아니지만, 집요할 정도로 뜨거운 국물을 찾는 문화가 매우 광범위하고 일반적인 나라는 한국이 유일하다. 여럿이 어울려 술을 마시고, 다음 날 해장한다. 이때 먹는 음식은 앞서 말한 대로 '뜨거운 국물'인데, 아예 해장국이라고 부르는 음식이 존재한다. 해장은 '해정解酲(숙취를 풀다)'에서 이행되어 변한 말이다. 청진옥은 조선 시대에 유행하던 해장국을 원형으로 하는 노포다. 청진옥이 유명한 해장국집이 된 데는 흥미로운 역사가 있다. 조선의 수도 한양은 연료를 자체 생산하지 않고 성 밖에서 조달했는데, 이때 외곽에서 소달구지에 다량의 나무를 싣고 장시간 걸어온 일꾼들이 배를 채우는 곳이 해장국집이었다. 청진옥이 들어선 위치가 과거 나무 연료를 사고팔던 시전柴廛 근방인 청진동인 것은 그런 이유에서였다. 청진옥은 1960~1970년대 나이트클럽에서 밤새 춤추고 즐긴 손님들이 해장하러 드나들면서 더욱 유명해졌다. 청진옥은 이런 손님을 위해 밤새 문을 열었다. 1990년대 접어들어 경제 발전과 함께 거품 경기가 시작되어 도시인들이 '24시간' 경제활동을 하는 문화가 생겨났고, 이들을 위한 밥집 겸 술집이 필요했다. 청진옥은 그 시대에 더욱 번성할 수 있었다.

잼 배 옥 ⋯ 설렁탕은 해장국과 함께 서울 고유의 전통 음식으로 인정받고 있다. 오래전부터 전국에서 소를 잡아 탕을 끓여 먹었을 텐데, 유독 서울의 음식이 된 데는 아마도 몇 가지 배경이 있을 것이다. 우선 서울이 한 나라의 수도로서 소를 가장 많이 잡는 지역이라는 것을 들 수 있다. 설렁탕은 조선 왕조의 각종 제사와 관련이 있다. 조상에 대한 예우 중 최고는 좋은 고기를 바치는 것인데, 왕가에는 제사가 아주 많아 소도 많이 잡았다. 물론 농경 국가인 만큼 소 잡는 일은 상당히 엄하게 다루었지만 이런저런 이유를 대면 소 잡는 것이 대단히 어렵지는 않았다. 또 수도에는 많은 권력자가 살았고, 이들이 먹는 쇠고기의 부산물이 저잣거리에 흘러들어오기도 했다. 설렁탕은 전형적으로 부산물 음식이다. 물론 1980년대 이후 쇠고기 수급이 원활해지면서 더 많은 정육精肉이 설

신선한 선지와 양, 뼈 등을 넉넉하게 넣고 끓이는 청진옥 해장국. 조선 시대에 유행하던 해장국이 원형이다. 1933년에 문을 연 잼배옥은 일제강점기를 거쳐 지금까지 남아있는 몇 안 되는 설렁탕집 중에서도 최정상급이다. 뽀얀 국물이 고소하고 담백하다. 맑은 듯 기름기가 도는 하동관 곰탕은 '오더 메이드'로 유명하다. 고기와 밥의 양, 국물 온도까지 주문할 수 있다.

렁탕에 쓰이고 있다.

서울의 외식 문화는 1960~1980년대에 형성되었는데, 이때 설렁탕은 주도적 메뉴였다. 설렁탕 전문집이 많았고, 메뉴 중 하나로 설렁탕을 파는 식당도 흔했다. 설렁탕은 서울 사람이 가장 좋아하는 음식 중 하나였다. 인플레이션 시대이던 1960~1990년대에 설렁탕은 행정 당국에서 가격을 통제하는 음식이었다. 이는 그만큼 대중이 많이 먹는 메뉴라는 뜻이기도 하다. 서울에서는 조선 말부터 일제강점기를 거쳐 수많은 설렁탕집이 명멸했는데, 현재까지 남아있는 집은 극히 드물다. 그중 잼배옥은 최정상급의 오랜 역사를 자랑하며 대한민국 외식 역사를 쓰고 있다. 넉넉한 인심으로 끓인 설렁탕은 한국 탕반 문화를 대표한다고 해도 틀리지 않는다. '잼배'라는 말은 이 가게가 처음 있었던 서울역 맞은편 동네 '자바위(붉은 바위)'가 변한 말 '잼배'에서 온 것이다. 민중 음식으로서 설렁탕의 역사를 설명하는 데 이만한 상호도 없지 않을까 싶다.

하동관 … 쇠고기를 이용한 국밥, 즉 탕반은 서울을 대표하는 민중 음식으로 그 종류가 여러 갈래로 나뉜다. 대표적인 것은 총 네 가지인데, 장국밥·곰탕·설렁탕·해장국이 그것이다. 장국밥은 정육을 제대로 쓰는 경우가 많아서 좀 더 고급 음식으로 해석하기도 한다. 곰탕은 만드는 방식이 장국밥과 해장국을 넘나든다. 즉 쇠고기를 푹 삶는 방식은 장국밥, 내장을 섞어 쓰는 것은 해장국과 유사하다. 하지만 완성된 결과물은 두 음식과 또 다르다. 크게 보면 탕이라는 음식으로서 질감과 맛, 역사성을 공유하지만 그래도 곰탕은 그저 곰탕이다. 하동관은 오랜 역사를 간직하고 있어서 서울 노포 식당 중에서 당연히 다섯 손가락 안에 들어간다. 맑은 듯 기름기가 도는 국물에 구수한 쇠고기 향을 제대로 살려 끓여내며, 부들부들한 소의 내장(위)까지 섞어서 전통적인 국밥 맛을 구현하는 곳이 하동관이다. 하동관 곰탕은 특히 '오더 메이드' 음식으로 유명하다. 원래 국밥 계열은 레디메이드 음식이다. 별도로 주문할 필요가 없다. 자리에 앉으면 바로 나와 빨리 먹을 수 있다. 단조룹다. 그게 매력이고 전통이다. 하지만 하동관은 섬세한 주문이 가능하다. 고기를 많이, 또는 아예 빼고 주문할 수도 있고, 말아 넣는 밥의 양도 조절할 수 있다. 심지어는 국물 온도도 조절 가능하다. 단순한 국밥에 십수 가지 섬세한 주문법이 동원된다. 서양 음식인 스테이크를 먹을 때 익힘 정도를 조절할 수 있는 것에 대해 한국인은 놀라곤 하는데, 하동관은 이미 그보다 더 복잡한 방식으로 곰탕을 주문받고 있었다.

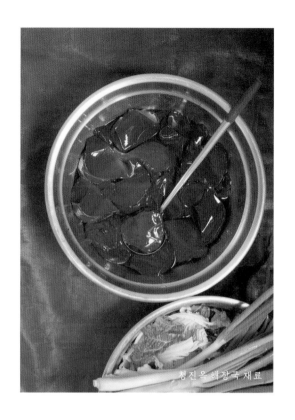

청진옥 해장국 재료

청진옥 해장국

잼배옥 설렁탕

하동관 곰탕

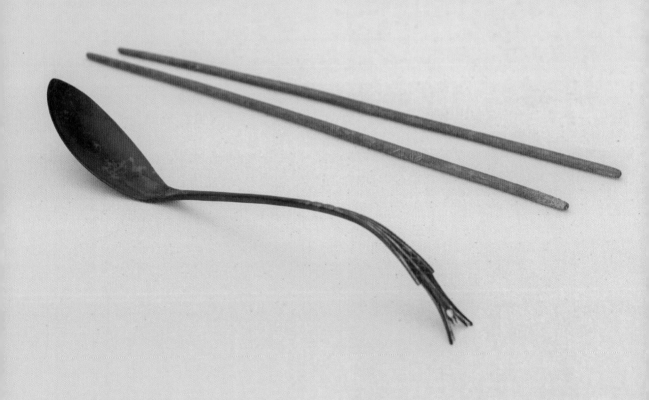

수저의 나라, 한국

글 · 주영하(한국학중앙연구원 한국학대학원 교수)

수저는 숟가락과 젓가락이 한벌을 이룬다. 지금의 형태와 많이 다른 고려 시대 무덤에서 발견된 청동 숟가락. 술자루는 곡선이고 입에 넣는 술잎은 버들잎 모양이다. 술자루 끝은 제비 꼬리 형태로 음각 장식을 넣었다. 온양민속박물관 소장.

독일의 무역상 에른스트 야코프 오페르트Ernst Jacob Oppert(1832~1903)가 쓴 <금단의 땅: 조선 여행(Ein Verschlossenes Land: Reisen Nach Corea)>(1880)에 "중국인이 젓가락만으로 밥을 먹는 데 비해 조선인은 젓가락과 함께 손잡이가 긴 숟가락을 사용한다"라는 내용이 나온다. 오페르트는 중국인이 밥그릇을 입에 대고 식사하는 모습을 그다지 좋게 보지는 않았다. 그래서 그는 숟가락과 젓가락을 함께 사용하는 조선인의 모습을 보고 중국인보다 훨씬 우아하고 아름답다며 찬사를 보냈다.

숟가락과 젓가락을 동시에 사용하는 이유

포크와 나이프를 양손에 하나씩 잡고 식사하는 서양인의 입장에서 보면, 한국인 역시 음식을 먹을 때 한 손에는 숟가락, 다른 손에는 젓가락을 사용해야 편리할 것이라는 생각을 할 수도 있다. 그러나 한국인은 오로지 한 손, 그것도 주로 오른손으로만 숟가락과 젓가락을 번갈아가며 사용한다. 한국인이야 아주 당연하게 여기는 모습이지만, 처음 이런 모습을 본 외국인의 눈에는 숟가락과 젓가락을 한 손으로만 집었다가 놓았다가 하는 한국인의 식사 모습이 매우 독특하고 분주해 보일 수 있다.

조선 시대 선비들이 존경하던 성현聖賢 가운데 한 사람인 중국 송나라의 주자朱子는 아동 교육서 <동몽수지童蒙須知> 제5장 '잡세사의'에 이런 글을 써놓았다. "음식을 먹을 때는 숟가락(匙)을 들면 반드시 젓가락(箸)을 내려놓고, 젓가락을 들면 반드시 숟가락을 내려놓는다. 식사를 다 했으면 곧장 숟가락과 젓가락을 밥상 위에 내려놓는다." 즉 두 손으로 숟가락과 젓가락을 동시에 잡지 말고 한 손으로 하나만 사용하라는 지침이다. 또 숟가락과 젓가락은 오른손으로 집어야 한다는 지침도 있다. 공자와 그의 제자들이 초고를 집필했을 것으로 여기는 <예기禮記>의 권8 제5장 '음식'에는 "어린이가 스스로 먹을 수 있게 되면 오른손으로 먹도록 가르친다"라는 내용이 나온다. 조선 시대 선비는 앞의 두 책을 읽고 생활 속에서 실천하려고 노력했기 때문에 오른손만 사용해 숟가락과 젓가락을 집는 관습이 자리를 잡은 것이다.

숟가락, 한 사람의 인격체

한식 상차림은 밥과 국 그리고 마른반찬과 젖은 반찬으로 구성되기 때문에 국이나 젖은 반찬을 먹으려면 숟가락이 꼭 필요하다. 그런데 일본인 역시 밥과 함께 국을 먹는데, 왜 그들은 숟가락을 사용하지 않을까? 고려 시대는 물론이고 조선 시대 사람이 사용한 식기는 무거운 자기나 놋그릇이었다. 무겁기도 하고 열도 금방 전달되는 이런 식기를 직접 손으로 들고 먹기는 힘들다. 그래서 곡물로 지은 밥과 국물 음식을 먹는 데 숟가락은 빠질 수 없는 도구가 되었다.

여러 명이 같은 식탁에서 함께 식사하는 한식 상차림에서 반찬은 종류별로 하나씩만 놓지만, 밥과 국은 개인마다 놓는다. 밥과 국을 먹을 때 사용하는 도구는 숟가락이다. 한국인은 반찬 중에서도 국물이 있는 물김치와 찌개를 먹을 때는 숟가락을 사용한다. 1970년대 이전만 해도 한국인은 젓가락보다 숟가락을 더 중요한 식사 도구로 여겼다. 당시 많은 한국인이 숟가락만 있어도 식사를 할 수 있다고 여겼으며 젓가락만 있으면 당황했다. 국그릇이나 국물이 담긴 그릇을 손으로 들고 마시면 예의를 모른다고 생각했기 때문이다.

유교식 제사 과정에서 조상에게 올린 메(밥)에 숟가락을 꽂는 행위는 조상이 식사 중임을 의미한다. 조상이 식사를 끝냈음을 상징하기 위해 제관은 숟가락을 숭늉 그릇에 담는다. 이 같은 의례에서 숟가락은 조상 자체를 상징하기도 한다. 아기가 태어난 지 만 1년 되는 날에 열리는 돌잔치 때 숟가락을 선물하거나, 혼인 때 신부가 신랑의 숟가락을 마련하는 일은 젓가락보다 숟가락을 한 사람의 인격체로 인식해온 한국인의 오래된 관습에서 비롯한 것이다.

모양도 쓰임새도 달라진 숟가락과 젓가락

사실 17세기 이전만 해도 한국의 숟가락 형태는 지금과 달랐다. 술자루는 곡선이었고, 술잎은 버들잎 모양이었다. 17세기가 되어 곡물의 생산량이 많아지면서 곡물밥을 담는 그릇 형태도 달라져 좀 더 깊어지고 그릇 벽도 똑바로 서게 되었다. 밥양이 늘어나면서 숟가락의 술자루는 평평해지고 두께는 두꺼워졌으

"중국인이 젓가락만으로 밥을 먹는 데 비해 조선인은
젓가락과 함께 손잡이가 긴 숟가락을 사용한다."
"한국인은 오로지 한 손, 그것도 주로 오른손으로만
숟가락과 젓가락을 번갈아가며 사용한다."
"한식 상차림은 밥과 국 그리고 마른반찬과 젖은 반찬으로
구성되기 때문에 국이나 젖은 반찬을 먹으려면
숟가락이 꼭 필요하다."

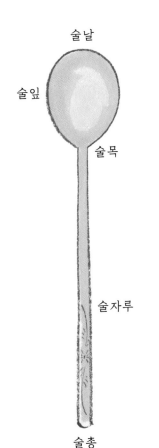

술날

술잎

술목

술자루

술총

며, 술잎은 버들잎 모양에서 원형에 가까운 형태로 변했다. 바닥에 쪼그리고 앉아서 눈앞에 놓인 상 위의 음식을 먹은 당시 사람들은 술자루가 직선인 숟가락이 밥과 국 그리고 젖은 반찬을 먹기에 더 편했을 것이다.

지금도 한국인의 식사에서 숟가락과 젓가락은 필수 도구다. 하지만 그 재질과 쓰임새는 변하는 중이다. 1960년대 중반까지만 해도 놋수저가 가장 보편적이었다. 그 후 숟가락과 젓가락의 재질은 스테인리스스틸로 변했는데, 처음 스테인리스스틸 수저를 사용해본 사람들은 놋수저에 비해 너무 가벼워 술자루를 잡으면 금세 미끄러질 것 같다는 부정적 반응을 보였다. 이런 반응을 접한 수저 공장에서는 손에서 미끄러지지 않도록 술총 부분에 선을 그었다. 그 뒤로 술총 부분에는 태극, 무궁화, 인삼 등과 같은 한국 문화를 상징하는 문양을 장식했다.

요즘에는 한국인도 쌀밥을 먹을 때 아예 숟가락을 사용하지 않고 젓가락만 쓰는 사람이 많다. 차진 쌀밥으로 이름난 일본 품종의 쌀에 찹쌀까지 섞어 압력밥솥에서 밥을 지어야 맛있다고 생각하는 사람이 늘어나면서, 일본인처럼 젓가락만으로 밥을 먹는 사람이 많아졌다. 결국 지금은 많은 한국인이 국, 찌개, 전골, 물김치 같은 국물 음식을 먹을 때만 숟가락을 사용하고 있다.

끈기 있게 고다, 엿·조청·고

글 · 정혜경(호서대학교 식품영양학과 교수)

① 밀이나 보리 등에 물을 부어 싹을 틔운 후 말린 것. 주로 엿과 식혜 만들 때 쓴다.
② 녹말에 물과 열을 가하면 부피가 늘고, 점성이 커지며, 수용 성분이 증가하는 등 콜로이드 상태로 변하는 과정을 말한다. 녹말이 호화하면 맛이 좋아지고 소화에도 도움이 된다.

'제조한 꿀'이라는 뜻의 조청. 커다란 무쇠솥에 엿물을 붓고 뭉근한 장작불에서 오랜 시간 고아 만든다. 엿물은 넘치기 쉬우므로 뚜껑을 덮지 않고 계속 저으면서 끓여야 한다.

단맛에 대한 인간의 욕망은 강하다. 세계사적으로 대규모 사탕수수밭을 찾아 다른 대륙을 침략하고, 그곳에 거대한 농장을 세우고, 원주민을 노예화한 역사가 제국주의의 일면이다. 그만큼 사람들의 단맛에 대한 집착은 끈질기다고 할 수 있다. 이는 시드니 민츠Sidney Mintz라는 인류학자가 쓴 <설탕과 권력>이라는 책에 자세히 나온다.

한국인도 오랜 세월 단맛을 즐겨왔다. 꿀을 약으로 간주해 꿀이 들어간 음식을 약과藥果, 약식藥食 등과 같이 '약藥' 자를 붙여서 명명했다. 그런데 꿀은 대부분의 민족이 즐기는 식품이다. 그중 한국인만이 느긋하게 즐긴 단맛이 있으니, 조청과 엿이다. 설탕은 사탕수수나 사탕무의 즙을 농축해 만들기 때문에 강한 단맛을 띤다. 그런데 조청과 엿은 '은근히' 달다. 이 두 가지 단맛은 설탕과 원료부터 다르다. 곡류를 엿기름①으로 당화한 후 가마솥에서 약한 불에 오래, 뭉근히 곤 것이다. 그래서 조청과 엿은 독특한 향이 있고, 그 맛이 부드럽다.

은근한 단맛, 조청

조청은 곡물을 엿기름으로 삭힌 다음 졸여서 단맛 나게 만든 전통 감미료다. 꿀을 청淸이라 한 데서 파생해 '제조한 꿀'이라는 뜻의 조청造淸이라 한다. 원래 곡물의 전분질은 찌거나 삶으면 호화糊化②하는데, 여기에 엿기름물을 섞고 중탕하거나 묻어두면 밥알이 삭아서 당화한다. 이것을 자루에 담아 단물을 짜낸다. 이때 자루에 남은 것은 엿밥이라 하고, 단물은 엿물이라 한다. 커다란 무쇠솥에 엿물을 붓고 불을 지펴 곤다. 엿물은 넘치기 쉬우므로 뚜껑을 덮지 않고 저으면서 끓인다. 조청은 쌀로도 만들고, 수숫가루나 옥수숫가루로 쑨 죽으로도 만든다. 쌀로 만든 것은 맑고, 수수로 만든 것은 붉은빛이 돌며 약간 탁하다. 조청은 거의 모든 잡곡으로 만들 수 있고, 고구마로도 가능하다. 각각 빛깔이나 광택, 끈기가 다르나 단맛은 거의 같다.

조청을 두고 '묽다' '되다'라고 하는데, 이는 엿물의 농축 정도를 말하는 것 한국인은 고려 시대부터 엿을 먹어왔다.
엿은 주원료와 당화하는 재료, 첨가하는
재료에 따라 종류가 다양하다. 물성에
따라서는 단단한 강엿과 묽은 물엿으로
나누는데, 강엿은 간식으로 많이 먹는다.

이다. 떡을 찍어 먹는 조청은 흘러내릴 정도의 묽은 것이 좋고, 조금 더 곤 것은 강정에 발라 먹는 용도로 알맞다. 더 졸여 되직해진 조청은 볶은 깨나 후춧가루 등을 섞어 단지에 담아두고 숟가락으로 떠먹는다. 과거 한국에서 꿀은 흔하게 쓸 수 없는 귀한 것이었기에 떡이나 과자 등을 만들 때에는 조청을 많이 썼다.

한 겹 홑치마를 뒤집어쓸 때까지 곤다

큰 가마솥에서 조청 고는 과정을 지켜보면 경이롭기 그지없다. 끈기 있게 살펴보면 조청의 색이 변화하는 것만으로도 감동하게 된다. 조청은 대개 커다란 가마솥에서 은은한 장작불에 고아 만드는데, 한국인이 늘 먹는 쌀·옥수수·조 같은 곡물을 엿기름으로 당화해 단맛을 얻어낸 지혜가 놀랍다. 흔히 조청이 완성된 순간은 "부글부글 끓는 조청이 그 위로 얇은 홑치마를 한 겹 뒤집어쓸 때"라고 한다. 이 표현은 만들면서 직접 보지 않으면 결코 모를 말이다. 이때 곡물의 당화가 가장 완벽하게 이루어진 것으로 보면 된다. 만드는 데 오랜 시간이 걸리는 조청을 한 해에도 수없이 고았을 한국의 여인들은 조청이 부끄러워 얇은 홑치마를 한 겹 뒤집어썼을 때를 다 만들어진 신호로 본 것이다. 이 표현은 입에서 입을 통해 전해진 여인들만의 '맛의 유산'이라 하겠다.

방방곡곡, 엿 없는 동네가 없네

엿은 조청을 더 오래 고아 굳힌 것이다. 곡류를 기름에 튀기고 꿀이나 엿을 사용해 만든 한과인 유밀과油蜜菓③나 강정류가 고려 시대 기록에 자주 나오는 것으로 미루어 그 이전부터 엿을 사용했을 것으로 본다. 구체적 기록은 고려 시대 이규보의 <동국이상국집東國李相國集>에 나오는 "행당맥락杏餳麥酪"이란 구절에서 찾을 수 있다. 여기서 당餳은 단단한 엿이고, 낙酪은 중국의 500년대 저술 <제민요술齊民要術>에 나오는 행락杏酪처럼 감주 계통에 속한다. 이미 고려 시대부터 엿기름으로 만든 엿이나 감주가 감미료로 쓰였음을 알 수 있다.

④ 설에 차리는 음식으로, 차례를
지내거나 세배하러 오는 이들을
대접했다.
⑤ 원래 울릉도 호박엿이 아니라
'후박엿'이라는 설도 있다. 울릉도 곳곳에
후박나무가 많이 자라 후박나무 껍질
진액을 끓여 조청과 엿으로 만들어
먹었다는 이야기다.

엿은 주원료에 따라 찹쌀엿·멥쌀엿·옥수수엿·호박엿 등으로 나뉘고, 당화하는 재료에 따라 맥아엿·효소당화엿·산당화엿 등으로 구분한다. 또 엿에 넣는 재료에 따라 잣엿, 콩엿, 밤엿, 깨엿, 대추엿으로 불린다. 엿의 물성에 따라 단단한 강엿과 묽은 물엿으로도 구분한다. 물엿은 각종 음식이나 약과를 만드는 데 쓰고, 강엿은 그대로 먹거나 녹여서 사용한다. 강엿을 가열해 약간 녹인 다음 반복해서 잡아 늘이면 내부에 공기가 들어가 빛깔이 하얘지고 공기구멍이 많이 생겨 먹기 좋은 엿이 된다.

엿은 설 음식인 세찬歲饌④을 만드는 데 꼭 필요하므로 예전에는 집집마다 엿을 만들어두고 썼다. 이러한 까닭에 각 지방에는 독특한 엿이 발달할 수밖에 없었다. 강원도 지방에서는 옥수수로 만든 황골엿이 유명했고, 충청도 지방에서는 무엿을 많이 만들어 먹었다. 무엿은 쌀을 당화한 물에 무를 채 썰어 넣고 가열·농축한 것이다. 이는 강엿이 아니라 숟가락으로 떠먹는 물엿이었다. 전라도 지방은 고구마로 만든 엿이 유명했다.

지금도 한국인에게 가장 유명한 엿을 꼽으라면 단연 울릉도 호박엿이다. 울릉도는 기후가 습하고 땅이 비옥해서 육지보다 과육이 두껍고 크기도 크며 단맛이 강한 호박이 잘 자란다. 아마도 이것이 울릉도 호박엿이 유명해질 수밖에 없는 이유이리라.⑤ 제주도 지방은 차조에 엿기름을 넣어 당화한 다음 닭고기나 꿩고기를 넣어 짙은 갈색을 띨 때까지 졸여 만든 닭엿과 꿩엿이 유명하다. 이는 단백질까지 보충해주는 영양 보양식이라고 할 만하다. 황해도 지방은 조청에 찹쌀 미숫가루를 넣어 만든 엿이 유명하다. 친정에 간 새색시가 시댁으로 돌아올 때 함지박에 엿을 가득 만들어 가지고 와서 일가친척에게 돌렸다고 전해진다. 지역마다 고유의 향수를 지닌 엿은 지금도 명절 선물로 쓰이고 있다.

엿과 조청으로 만드는 한과

한과에는 대부분 엿과 조청이 기본으로 들어간다. 예를 들어 유밀과 중 하나인 약과는 밀가루에 참기름, 술, 꿀을 넣고 반죽한 후 판에 박아 모양을 내고 기름에 지져 익힌 다음 조청에 즙청汁淸해 만든다. 매자과도 밀가루 반죽을 얇게 밀어 썬 다음 칼집을 넣고 꼬아 기름에 튀긴 후 조청에 즙청해 마무리한다. '조청에 즙청'이라는 과정이 필수인 것이다.

고려 시대부터 차와 함께 먹기 위해 만든 다식에는 특히 조청이 필요했

다. 송화다식, 흑임자다식, 녹말다식, 밤다식 등 대부분의 다식은 재료를 꿀과
조청으로 반죽해 다식판에 박은 것이다. 채소를 조청에 조려 단맛을 낸 한과로
정과正果가 있다. 연근정과는 연근을 썰어 삶은 후 끓인 설탕물과 조청에 조린
것이다. 생강정과는 생강을 저며 삶아 끓인 설탕물과 조청에 조려 만든다. 행
인정과는 쓴맛을 뺀 행인(살구씨)을 조청에 조린 정과인데, 다른 정과의 웃기
로 사용한다. 또 과일을 삶아 거른 즙에 설탕과 조청 등을 넣어 조린 과편果片에
도 조청과 엿은 중요하다. 복분자편은 복분자딸기를 삶아 거른 즙을 굳힌 것이
다. 살구편은 살구를 삶아 거른 즙에 설탕, 꿀을 넣어 조려 굳힌 것이고, 앵두편
은 앵두를 끓여 거른 즙에 설탕과 녹두 녹말을 조려 굳힌 과편이다.

숙실과熟實果는 건과나 과실을 익혀 다시 과실 모양 또는 여러 가지 형태
로 만든 것이다. 주로 잔칫상이나 제사상에 올렸다. 생란은 즙을 짜낸 생강 건
더기를 꿀과 조청에 조려 생강 모양으로 빚은 다음 잣가루를 묻힌 것이다. 조란
은 다진 대추를 쪄 계핏가루를 섞어 빚은 다음 잣가루에 굴린 것이고, 율란은 삶
은 밤에 설탕, 꿀, 조청, 소금, 계핏가루를 섞어 빚은 다음 잣가루를 묻힌 것이
다. 밤초는 깐 밤을 끓인 조청에 조린 숙실과이고, 대추초는 대추를 쪄 계피, 꿀,
조청, 참기름 등을 넣고 중탕한 다음 꼭지에 잣을 박은 숙실과다. 잣박산은 잣
을 꿀 또는 조청이나 엿물에 버무려 판판한 곳에 펴서 굳힌 것이다. 또 하나, 엿
물을 이용한 한과가 엿강정이다. 콩엿강정은 콩을 볶아 중탕한 뒤 조청에 버무
린 것이고, 땅콩엿강정은 볶은 땅콩을 중탕한 조청에 버무려 굳힌 것이다.

고고 또 고아서 만드는 '고膏'

고는 어떤 것을 푹 고거나 쥐어짜서 나오는 젤 같은 형태의 진액을 말한다. 한
자로는 기름 高膏 자를 쓴다. '고'라고 하면 대부분의 한국인은 인삼, 복령, 생지
횡, 꿀 등을 오래 고아 만드는 경옥고瓊玉膏나 녹용고鹿茸膏 그리고 고약 등을
떠올린다. 음식이라기보다 약이라고 생각하는 것이다. 약식동원藥食同源이라
는 철학에 따라 음식과 약의 경계를 두지 않는 한국인은 '고의 철학'을 담은, 즉
오래 고아 진액을 뽑아내는 집요하고 끈질긴 음식을 많이 만들어냈다.

우선 고는 한국 3대 명주에 속하는 '죽력고'나 '이강고' 같은 술을 통해 만
날 수 있다. 여기서도 술 酒 대신 기름 고 자를 쓴다. 핵심은 오래 고아 만드는
데 있다. 죽력고는 대나무에 넣고 열을 가해 얻은 기름인 죽력에 꿀과 생강 등을

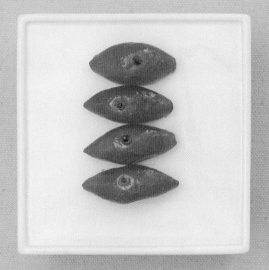

아래 사진·다른 재료 없이 청매실만
골라 으깬 후 72시간 동안 저온에서 오래
고아야 매실고가 완성된다. 다 고으면
보통 원재료의 50분의 1로 농축된다.
대한민국 식품명인 제14호로 지정된
홍쌍리 명인이 만든 매실고.
그는 바로 이 청매실 농축액으로
식품명인이 되었다.
오른쪽 사진·구연산과 각종 유기산을
다량 함유한 매실고는 피로해소에
좋으며 유해균 번식 억제 작용을 하는
것으로 알려져 있다.

넣고 증류한 술이다. 이강고 역시 배즙, 꿀, 생강즙을 섞어 중탕한다.

이제 약도 술도 아닌 고 음식을 살펴볼 차례다. <시의전서>에는 '고음膏飮국'이 나온다. "다리뼈, 사태, 도가니, 흘떼기, 꼬리, 양, 곤자소니, 전복, 해삼 등을 솥에 함께 넣고 물을 많이 부은 다음 약한 불에서 뭉근하게 푹 고아야 국이 진하고 보양식이 된다." 이러한 고음국은 지금의 곰국과 같은 것으로 볼 수 있다. '고다'의 고는 한자어 고膏에서 나왔고, 고음膏飮이 '곰'이 된 것으로 보인다. 그뿐만 아니라 <조선왕실의궤朝鮮王室儀軌>에는 '육고肉膏'가 자주 등장한다. 조선 시대 최고의 보양식으로 고기를 오래 달여 즙을 내 먹는 육즙, 양즙 같은 음식이다. 이 밖에도 한국인은 약효를 지닌 식물을 우려내 그 물을 달여 만든 엿을 고膏 또는 고제膏劑라 하고, 약이 된다는 의미로 '약엿'이라고도 불렀다. 엿 외에도 전통적으로 '대추고'라는 것을 만들어두고 사용하기도 했다. 1771년에 편찬한 <고사신서攷事新書>에는 "중요한 보양식이던 전약을 만들기 위해서는 대추고가 필요한데 대추를 쪄서 씨를 제거하고 살만 취해 대추고 두 주발을 만든다"라고 수록되어 있다. 19세기경의 <오주연문장전산고五洲衍文長箋散稿>에는 "껍질과 씨를 제거한 대추고 네 홉을 질항아리에 넣고 걸쭉하게 달인다. 잘 달여져서 꿀처럼 되면 기름종이나 거친 종이로 항아리 입구를 봉한다. 그리고 질그릇 덮개를 덮어서 습하거나 빗물이 새지 않는 곳에 묻어둔다. 30일이 지난 후 꺼내면 아주 질 좋은 흰 꿀이 완성된다"라고 나온다. 한국인이 고를 얼마나 중시했는지 알 수 있는 대목이다.

최근에는 '매실고'가 건강 음식으로 각광받고 있다. 매실고는 매실 과육을 찧어 곱게 만든 다음 72시간 동안 곤다. 매실청과 달리 설탕 없이 시간과 정성만으로 달인다. 매실고는 물에 콩알만큼 타서 먹으면 배 아픈 것이 가라앉는다고 하니 바로 음식과 약의 경계를 넘나든다.

최근 서양에서는 매력적인 조리법으로 수비드sous vide가 뜨고 있다. 밀폐된 비닐봉지에 담긴 음식물을 미지근한 물속에 72시간까지 데우는 조리법이다. 한국의 전통 요리법인 고 역시 이에 못지않게 정성과 기다림을 전제로 한 21세기형 요리법이라고 해도 과언이 아니다.

솥의 속사정

글 · 정연학 (국립민속박물관 학예연구관)

① 방과 솥에 불을 때기 위해 만든 구멍.
② 소에게 먹이려고 볏짚, 메주콩, 쌀가루,
풀 따위를 섞어 끓인 죽.
③ 민간에서 믿는 불신(火神)으로, 부엌에서
모시는 신령.
④ 좋은 질흙으로 만든 두꺼운 거푸집을 이용해
솥을 만드는 전통 방법.

한국 속담 "자라 보고 놀란 가슴
솥뚜껑 보고 놀란다"라는 말이 그대로
이해되는 솥뚜껑. 영락없이 자라 등딱지를
닮았다. 이 견고한 주물솥은 4대째
주물솥을 만드는 안성주물의 제품이다.

한국 사람이 흔히 하는 말 중 "한솥밥을 먹는다"라는 말이 있다. 이는 '같은 솥에 밥을 지어 함께 먹을 정도로 친밀한 관계'를 의미한다. 비슷하거나 동일한 직종에 종사하게 될 때도 "한솥밥을 먹게 되었다"라며 비유적으로 말하곤 한다. 실제로 과거에는 한 솥에 지은 밥은 식구끼리만 먹는 것이 전통적 문화였다. 한 솥에 밥을 지어 먹는다는 것이 매우 친밀한 사이를 뜻할 만큼 '솥'은 한국인에게 없어서는 안 될 상징적 부엌 용구다.

밥을 짓거나 국 등을 끓이는 한국 고유의 부엌 용구가 '솥'이다. 전통 가옥을 보면 안방에 딸린 부엌 아궁이①에 무쇠로 만든 솥 2~3개가 걸려 있는 것을 흔히 볼 수 있다. 밥솥과 국솥이 기본이고, 경우에 따라 물을 끓이는 물솥이 추가된다. 3대가 함께 생활하던 시절에는 많은 양의 밥을 지었기 때문에 밥솥이 국솥보다 컸다. 뜨거운 물은 겨울철 세수나 목욕, 설거지 등을 할 때 쓰기에 솥 가운데 물솥이 가장 컸다. 어느 가정에서는 물솥에 쇠죽②을 쑤기도 했고, 어느 집에선 엿을 골 때 물솥을 사용하기도 했다. 주로 무쇠로 만들기 때문에 '무쇠솥'이라고 많이 불렀다. 솥 중에서 가장 큰 솥은 '조왕竈王③솥'이라고 불렀다.

자라 보고 놀란 가슴 솥뚜껑 보고 놀란다

솥은 처음에는 돌, 흙으로 만들다가 주철 기술이 발달하면서 청동솥, 무쇠솥이 등장했고, 그것이 현재까지 이어지고 있다. "자라 보고 놀란 가슴 솥뚜껑 보고 놀란다"라는 한국 속담이 있다. 어떤 일에 몹시 놀란 이가 그와 비슷한 것만 보아도 놀란다는 것을 비유한 말로, 솥뚜껑이 자라 등딱지와 비슷한 데서 비롯된 말이다. 이처럼 두꺼운 무쇠 뚜껑과 본체로 이루어진 솥은 한 번 달궈지면 쉽게 식지 않기 때문에 깊은 맛의 밥과 국물 요리를 만드는 데 적합하다. 밥과 국이 기본인 한식의 구성은 바로 솥에서 시작되었다고 해도 무방할 것이다.

솥은 무쇠로 만들어 녹이 잘 슬 것이라고 생각할 수 있지만, 익부리④로 만든 솥은 세월이 가면 갈수록 바닥을 코팅한 것처럼 반들거리고 녹이 잘 슬지 않으며 밥맛도 좋다. 부녀자들은 이 솥을 매우 귀하게 여겨, 항상 깨끗이 씻은 후 콩기름칠하며 관리에 심혈을 기울였다. 솥은 두들기면 항아리처럼 맑은 소리가 나는 것이 좋다. 쇠가 나쁘거나 상한 데가 있으면 소리가 둔탁하다. 솥을 처음 사용할 때는 약한 불에서 물을 두세 번 데운 다음, 기름기 섞인 고기를 지져가며 문질러서 기름이 배어들게 한다. 이어 물을 다시 서너 번 끓여서 헹구면 길이 들어 음식이 눌어붙지 않고 오래 쓸 수 있다.

솥이라는 DNA

된장, 고추장, 간장 등 장이 발달한 한국에서는 여러 가지 재료를 솥에 넣고 국이나 탕을 끓이면 자연의 감칠맛이 나고 양이 넉넉한 음식을 쉽게 만들 수 있었다. 또 쌀이 귀한 시절, 옥수수나 감자 등을 쌀과 함께 섞어 밥을 지으면 여러 식구가 나누어 먹을 수 있는 밥이 몇 그릇 더 만들어지곤 했다. 이처럼 솥은 가진 것 그 이상을 만들어주는 고마운 존재였다.

서두에도 솥 형태에 대해서 이야기했지만, 두툼한 무쇠로 만든 솥의 구조는 밥맛을 달게, 국 맛을 깊게 하는 데 탁월하다. 두꺼운 솥뚜껑과 본체가 만들어내는 고압력의 과학이 이뤄낸 한식의 깊은 맛이다. 고기를 발라내고 남은 뼈까지 물을 부어 큰 솥에 오랜 시간 푹 고아 설렁탕, 사골국 등을 만들어 즐겨 먹는 문화도 솥 덕분에 생겨난 것 아닌가. 큰 솥에 한꺼번에 끓여 여러 명이 나눠 먹는 농경 사회의 식사 풍습, 풍족하지 못한 환경 등이 모든 것을 다 품어주는 솥과 어우러져 다양한 종류의 국과 탕을 만들어낸 것이다. 국물 없이는 밥을 못 먹는다는 어르신들, 쌀쌀한 겨울이면 뜨끈한 국물 한 그릇이 생각나는 한국인의 몸속에는 모두 '솥 DNA'가 숨어 있는 셈이다.

주방 용구 그 이상의 솥

한국인에게 '솥은 곧 살림살이'를 상징하는 까닭에, 가족의 안녕과 가정의 길흉화복을 좌우하는 불씨와 동일시되었다. 불씨가 담긴 화로를 귀하게 여겨 시어머니가 맏며느리에게 물려주듯, 부뚜막에 걸린 3개의 솥 가운데 중앙에 있는 밥솥은 언제나 맏며느리가 관리했다. 또 "솥단지를 뗀다"라고 하면 그 집안 전체가 다른 지역으로 이사 가는 것을 의미할 정도로 솥은 한 집안을 상징했다. 집

예전에는 부엌에 불신인 조왕을 모셨다.
매일 아침 일찍 우물물을 길어 올리며
가족의 안녕과 건강을 빌던 조왕단지도
솥 근처에 두었으니, 한국인의 삶에서
솥이 차지하는 비중을 짐작할 수 있다.
솥 왼쪽 위 흰 종지를 올린 것이
조왕단지다.

을 새로 짓거나 이사할 때에도 가장 먼저 하는 일이 '솥을 거는 것'이었다. 좋은 날을 택해 솥을 걸고 그날 밤 그 집에서 자고 나면 설령 다른 살림살이를 다 옮기지 못했어도 이미 이사한 것이라고 생각했다. 이러한 관념은 최근까지 남아, 이사하는 날 전기밥솥을 들고 새집에 입장하는 신풍속도 생겨났다. 또 솥이 가정의 행복을 관장하는 신적인 기능을 한다고 여겨, 솥과 관련해서는 부정한 것을 피할 뿐만 아니라 솥뚜껑 위에 밥주걱이나 칼 등을 올려놓는 것도 금기시했다.

예전에는 부엌에 불신(火神)인 조왕을 모셨다. 부녀자들은 매일 아침 일찍 우물물을 길어다가 부뚜막 위나 선반 위에 놓은 조왕단에 물을 갈아 올리며 가족의 안녕과 건강을 기원했다. <삼국지三國志> '위서 동이전 변진조'에 조왕신에게 제사를 지낸 기록이 등장하는 것을 보면 그 기원이 오래되었음을 알 수 있다. 조왕신은 매년 음력 12월 23일 하늘에 올라가 인간들이 1년 동안 저지른 선악 행위를 옥황상제께 고하는 사명신 역할을 한다. 이에 사람들은 솥에 밥을 가득 지은 뒤 솥뚜껑을 뒤집고 그 위에 청수와 촛불을 밝혀 조왕신이 옥황상제께 좋은 말을 해주기를 빌었다. 혹여 나쁜 말을 할 것을 우려해 아궁이에 술을 뿌려 조왕이 술에 취해 하늘로 제대로 올라가지 못하게 하거나 엿을 발라 옥황상제께 제대로 보고하지 못하도록 하기도 했다. 인간이 1년을 살면서 작은 죄라도 짓지 않는 것은 불가능하기 때문이다.

무쇠솥의 귀환

1965년 국내산 전기밥솥이 출시된 후 1970년대를 거치며 전기밥솥은 일반 가정에 널리 보급되었다. 사람들은 버튼 한 번만 누르면 자동으로 밥이 완성되는 전기밥솥에 점점 길들었다. 그러다가 음식의 참맛, 예전의 향수 등을 느끼길 원하는 사람들이 전통 방식의 무쇠솥을 다시 찾고 있다. 물론 핵가족 시대이기 때문에 솥 크기는 작아지고 모양새는 각기 개성을 지닌 모습으로 변모했지만 말이다. 잘 지은 밥 한 그릇, 맛있는 국 한 그릇만 있어도 별다른 반찬이 필요 없을 정도이기 때문에, 바쁜 현대사회에서 간단한 식사를 원하는 현대인의 갈망을 이 솥이 다시 채워주고 있는 것이다.

한편 외국인이 한국을 찾을 때 가장 선호하는 메뉴 중 하나가 바로 돌솥비빔밥이다. 돌솥밥은 곱돌로 만든 작은 솥에 쌀, 보리 등의 곡식을 넣어 지은 밥이다. 즉석에서 소량으로 지을 수 있고, 곱돌의 특성상 온도가 고르게 유지되므로 식사를 마칠 때까지 따뜻한 밥을 먹을 수 있다. 이뿐 아니라 그릇에 밥을 퍼낸 뒤 솥에 물을 부으면 눌은밥과 숭늉을 더불어 즐길 수도 있다. 18세기 이후에 쓰인 <박해통고博海通攷><규합총서閨閤叢書><임원경제지林園經濟志> 등에도 밥과 죽은 돌솥을 사용하는 것이 제일 좋고, 그다음은 무쇠솥·구리솥 순이라고 적고 있다. 이것으로 볼 때 당시 곱돌솥은 무쇠솥, 구리솥에 비해 상품上品으로 인식되었음을 알 수 있다. ⤷ 2권 '가마솥부터 압력솥까지, 밥심 잡는 도구' 63쪽

돌솥밥을 일반 음식점에서 사용하기 시작한 것은 1960년대 말~1970년대 무렵으로 보인다. 돌솥비빔밥은 전북 전주 중앙회관이라고 하는 비빔밥 전문 식당에서 처음 개발했다. 이 식당 주인은 다른 비빔밥 전문점과 차별화 전략을 꾀하는 과정에서 고객이 비빔밥을 오랜 시간 따뜻하게 먹을 수 있는 그릇을 고안했다. 몇 번의 실패 끝에 1969년에 드디어 전국 최초로 곱돌 그릇 개발에 성공했고, 아예 '전주 곱돌비빔밥'을 상표등록했다고 한다. 이 비빔밥은 현재까지도 이어져 이제는 대명사가 된 돌솥비빔밥으로 불린다. 기존 비빔밥이 채소와 고기류를 넣어 비비는 것이라면 전주 중앙회관의 비빔밥은 여기에 은행, 잣, 밤, 대추 같은 영양식 재료를 추가했다. 이는 기존 비빔밥을 한층 고급화한 것으로, 1970년대 초반에는 전주 지역을 넘어 서울 지역에까지 선풍을 일으키며 인기를 얻었다. 1980년대 종로 뒷골목에 있던 종각식당에서는 이 비빔밥을 먹기 위해 점심시간에 150여 명의 손님이 줄을 서서 차례를 기다리는 진풍경이 벌어지기도 했다.

살펴본 것처럼 시대에 따라 그 모습은 변모되었지만 솥은 과거, 현재 그리고 앞으로도 우리에게 없어서는 안 될 생필품이자, 대표 혼수품으로 함께할 것이다.

숭늉 만들 때도 솥이 최고

숭늉은 솥 바닥에 눌어붙은 밥알인 누룽지에 물을 붓고 끓여 만든 한국 고유의 음료이자 후식이다. 무쇠솥에 밥을 지을 때는 장작불을 지펴 뜨거운 열로 밥을 하므로 솥 바닥에 밥이 눌어 노릇노릇한 누룽지가 생기는데, 숭늉은 이 덕분에

만들어지는 셈이다. 밥을 다 퍼내고 남은 누룽지에 물을 부어서 푹 끓이면 바로 구수하고 푸근한 맛의 숭늉이 된다.

한국의 전통 밥 짓기는 일정한 물과 쌀을 솥에 붓고 가열하다가 여분의 물기가 없어지도록 뜸을 들이는 것이다. 가마솥에 수분이 남아 있을 때는 아무리 가열해도 100°C 이상 올라가지 않지만 뜸을 들이는 과정에서 솥 바닥에 수분이 없어지면 온도가 200°C에 육박한다. 이때 솥 바닥의 쌀은 전분이 분해되고 갈색으로 변하면서 고소한 냄새와 단단한 식감이 생긴다. 특히 무쇠솥에 장작불을 지펴서 만든 누룽지는 더욱 맛이 좋다. 밥을 퍼내고 난 다음에도 열이 오래 남아 수분이 바싹 증발하면서 질감이 더욱 바삭해진다. 게다가 고소한 맛과 함께 단맛까지 약간 생겨서 평소 간식이나 멀리 길 떠날 때 휴대식으로 많이 이용했다. 더 나아가 허준의 <동의보감東醫寶鑑>에는 "음식을 잘 먹지 못하는 '취건반炊乾飯'이라는 병을 누룽지로 치료한다"라는 기록이 있는 것으로 보아 환자 치료식으로도 이용한 듯하다. 한국의 올바른 식사법은 밥을 다 먹고 나서 마지막에 밥 한 술을 숭늉에 말아 먹는 것으로 마무리하는 것이다. 제사 때도 술과 제수를 올리는데 마지막에 탕을 물리고 숭늉을 올린다. 현재는 무쇠솥이 거의 사라져 자연적으로 만들어지는 누룽지를 찾아보기 힘들게 되었다. 그럼에도 불구하고 전기밥솥에 누룽지 만드는 기능까지 탑재하는가 하면, 시중에서 다양한 누룽지 상품도 만날 수 있다.

한국인에게 '솥은 곧 살림살이'를 상징하는 까닭에, 가족의
안녕과 가정의 길흉화복을 좌우하는 불씨와 동일시되었다.
불씨가 담긴 화로를 귀하게 여겨 시어머니가 맏며느리에게
물려주듯, 부뚜막에 걸린 3개의 솥 가운데 중앙에 있는 밥솥은
언제나 맏며느리가 관리했다.

주물장

김종훈 · 김성태

뜨거운 쇳물을 거푸집에 부어 굳혀 여러 기물을 만드는 주물鑄物. 경기도 안성에 자리한
안성주물에서는 1910년부터 4대째 전통 방식으로 가마솥을 만들고 있다. 경기도 무형문화재
제45호 김종훈(3대) 주물장은 아흔이 넘어 은퇴한 지 오래됐고, 아들 김성태(4대) 씨가 주물장
전수자로 지정돼 아버지의 뒤를 잇고 있다. 주물 작업은 일주일에 한두 번 정도 이뤄진다.
용광로에서 1850℃의 펄펄 끓는 쇳물을 받아 가마솥 모양의 거푸집에 부은 뒤 곧바로 식혀서
굳히는 작업은 단순해 보여도 순식간에 이뤄지기 때문에 숙련된 기술자만 할 수 있다.
또 혼자서는 절대 할 수 없고 작업자 두세 명이 호흡을 맞춰야 한다. 작업자들은 이른 아침부터
점심때까지 같은 과정을 한시도 쉬지 않고 반복한다. 오후에는 주물로 만든 가마솥을 매끈하게
다듬고 참기름을 겹겹이 발라 태우는 길들이기 작업을 한다. 안성주물에서는 처음부터 끝까지
예전 방식 그대로 수작업으로 가마솥을 만든다. 용광로도 바람을 불어넣어 온도를 올리는 전통
방식을 고수한다. 주물의 원재료는 포항제철에서 맨 처음 정제하는 선철을 사용하며, 쇳물이
1850℃까지 올라가기 때문에 중금속이 남아 있지 않다. 한국품질시험원의 성분 검사 결과에서도
유해 성분은 전혀 검출되지 않았다. 오히려 몸에 좋은 철분을 함유해 가마솥을 사용하면서
자연스레 철분을 섭취할 수 있다. 안성주물의 김성태 전수자는 시그너처 제품인 가마솥 외에도
요즘 식생활에 맞는 용도와 디자인의 제품을 개발해 전통 주물의 보전과 진화를 이끌고 있다.

면,
삶다

국수, 국물 그리고 한국 사람

글 · 이욱정(다큐멘터리 <누들로드> 프로듀서)

경북 포항 제일국수공장은 바닷바람으로 말리는
'해풍국수'로 유명하다. 먼저 긴 국수 가락을 막대에 걸쳐
바람이 잘 드는 마당에 내건다. 반건조 상태가 되면 실내 숙성실로 옮겨
한나절 동안 건조한다. 이후 바깥에 널어 완전히 말린다.

중국과 일본에 비해 한국인이 국수를 일상 음식으로 먹기 시작한 역사는 상대적으로 짧다. 한반도에서 최초의 면식麵食은 12세기경 고려 시대부터라는 의견도 있지만, 조선 시대 들어와서 국수가 밥상에 자주 오르기 시작했다고 보는 것이 더 정확하다. 국수가 중국에서 한반도로 처음 전해진 중세 시대, 국수는 사찰이나 귀족의 주방에서나 볼 수 있는 음식이었다. 한국 불교에서는 국수를 승소僧笑라 부르기도 하는데, 이는 스님의 미소를 의미한다. 얼마나 별미였으면 금욕을 행하는 승려도 국수 먹을 생각만 하면 웃음 지을 수밖에 없었겠는가.

중국과 일본에 비해 한반도에서 국수의 대중화가 늦은 것은 우선 한반도가 밀 농사를 짓기 적합한 농업 환경이 아니었기 때문이다. 밀은 귀했고, 밀로 만드는 음식은 축제나 제사 때만 상에 올리는 특별한 것이었다. 또 한 가지 이유는 중국이나 일본에 비해 외식업이 늦게 발달했기 때문이다. 국수의 대중화는 국수가 집에서 만들어 먹기 어렵다는 점과 단체 급식에 적합하고, 좌석 회전율이 빠르다는 장점 덕분에 식당의 발달과 궤를 같이한다. 이미 10세기경 중국 송나라의 수도 카이펑(開封)은 식당의 천국이었고, 그 덕에 일찍이 면식이 급속도로 대중화되었다. 한국 사회에서 외식업이 본격적으로 시작된 것은 근대에 들어서면서부터다. 그때부터 국수가 한국인의 일상 밥상에 자주 오르기 시작했다고 말해도 과언이 아니다.

일제강점기가 끝나고 해방 후 미국에서 수입된 밀가루가 흔해지면서 국수는 쌀을 대신해 주식 자리를 넘보게 되었다. 1950~1960년대의 많은 시인은 작품 속에서 쌀을 사기 어려운 배고픈 서민의 음식으로 국수를 묘사하기도 했는데, 그만큼 흔한 음식이 되었다는 의미다.

오늘날 한국인의 국수 사랑은 세계 어느 나라보다도 뜨겁다. 예를 들어 전 세계 1인당 인스턴트 라면 소비량 통계를 보면 한국은 연간 1인당 74.6개로 압도적 1위를 차지한다. 칼국수, 쫄면, 막국수, 짜장면, 짬뽕, 냉면 등 한국식 면 요리뿐 아니라 우동, 라멘, 포(베트남 쌀국수), 파스타 등 세계의 국수가 지금은 한국인에게 인기 있는 일상 메뉴가 되었다. 그 덕에 전통 주식이던 쌀 소비량은 매년 줄고 있는 데 반해 면 소비는 나날이 늘고 있다. 한국인에게 "국수 한 그릇 할까?"라고 묻는 말은 미국인이 "샌드위치 어때?"라고 묻는 것과 비슷한 표현이다. 한국인에게 국수는 이제 빠르고 간편하게 먹을 수 있는, 남녀노소 모두 좋아하는 한 끼가 되었다.

한국 면 요리는 국물이 판가름한다

한국인이 즐겨 먹는 국수 레시피에는 공통점이 있다. 다량의 국물이 면과 함께 담긴다는 점이다. 매운 고추장 양념 소스를 곁들인 비빔면, 춘장 소스에 비벼 먹는 짜장면도 있지만, 흥건한 국물에 면을 담가 먹는 탕면은 한국식 면 요리의 두드러진 특징이다. 프랑스 요리에서 소스 맛이 중요하듯이 한국의 국수 요리에서는 국물 맛이 중요하다고도 할 수 있는데, 이는 한식의 일반적 특징 때문이기도 하다. 한국인의 밥상에는 늘 국이 오른다. 서양식 식사에서는 수프가 빠지기도 하고 물이나 와인 또는 맥주 같은 음료가 종종 국물을 대신할 수 있지만, 한국인에게는 국물과 음료가 별개의 영역이다. 한국인은 국이 없을 때 물에 밥을 말아 먹기도 하는데, 이를 수반水飯이라고 하여 오래전부터 즐겨왔다. 심지어는 조선 시대 왕들도 간단하게 식사할 때 수반을 했다는 기록이 있을 정도다. 이렇듯 국물이 요리에서 핵심 요소이니 한국인의 국수 조리법에서도 국물은 면을 돕는 조연이 아니라 맛을 결정하는 주인공에 가깝다.

예를 들어 한국의 국수 중에는 온면溫麵과 냉면冷麵이 있는데, 따뜻한 국물을 부어 말아 먹는 국수는 온면, 차가운 육수를 부어 먹는 국수는 냉면으로 통칭한다. 그 기준을 따지고 보면 국물 온도에 따라 면 요리 종류를 나눈 것이다. 대표적 온면 메뉴로 칼국수가 있다. 한국어로 칼은 나이프, 국수는 면이란 뜻인 만큼 한마디로 말해 칼로 잘라 만든 절면이라는 것이다. 칼국수 중에서 역사가 오래된 것이 안동 건진국수다. 유교 제사 의식에서도 조상에게 바치는 가장 귀한 음식 중 하나다. 지금도 음력 6월 유두절에 안동 종갓집 제사상에는 집안의 여인들이 손수 만든 건진국수가 올라간다. '끓는 물에서 건졌다'는 뜻에서 유래한 건진국수는 밀가루에 콩가루를 섞어 반죽한 후 밀대로 밀어 손으로 직접 썰어서 만든다. 이 점은 생파스타와 제면 방식이 유사한데, 걸쭉한 소스 대신 쇠고기나 닭고기를 오래 곤 육수에 면을 담가 먹는다는 점이 다르다. 예전에는 은어를 건진국수의 육수 재료로 쓰기도 했다. 은어는 모양새도 훌륭하고 맛도 좋아 수중 군자水中君子로 불리는 생선으로, 구하기 어려운 생선을 육수로 우려낼 만큼 면 요리에서 국물이 중요하다는 사실을 알 수 있다.

차가운 육수의 면 요리 중 가장 인기가 있는 것은 단연코 평양냉면이다. 이 국수는 사실 육수가 얼음처럼 매우 찬 것이 가장 독특한 점이다. 실제로 평양냉면은 대부분 얼음이 덩어리째 들어가거나, 육수를 살얼음 형태로 제공한다. 이를 처음 접하는 외국인에게는 일종의 문화적 충격을 안겨주기도 하는데, 내가 알기에 전 세계 어떤 면 요리도 이렇게 육수를 반쯤 얼려서 상에 내놓는 경우가 없기 때문이다. 한민족은 영하 10℃ 이하로 떨어지는 매서운 겨울에 몸을 떨면서 얼음처럼 차디찬 냉면을 즐겨 먹었다. 미식의 마조히즘으로도 볼 수 있는 이 독특한 풍습은 면의 종주국인 중국, 한국보다 면식의 역사가 긴 일본에서도 좀처럼 찾아보기 어려운 개성 있는 레시피다. 물론 한반도에 냉면처럼 독창성 넘치는 국수가 탄생한 것은 김치라는 채소절임 문화가 있었기에 가능했다. 일본에는 다시마나 다랑어포로 국물을 내서 먹는 면 요리가 있고, 동남아시아에는 코코넛 밀크를 사용한 면 요리가 있다. 아시아 각국에는 고유의 소스 또는 국물과 결합한 국수가 존재한다. 한국은 가슴이 뻥 뚫릴 만큼 시원한 동치미라는 국물김치가 있기에 냉면도 가능했던 것이다.

축제의 음식, 국수

국수는 한국인에게 축제의 음식이었다. 정월 대보름에 명이 길어진다 하여 국수를 먹는 풍습이 있었고, 아이의 백일잔치에는 떡을 해서 이웃에 돌렸는데 이때 빈 그릇을 보내지 않고 돈이나 국수를 담아 돌려주곤 했다. 국수의 긴 모양처럼 아이가 장수하기를 바란다는 뜻이었다. 또 한국에서 "국수 언제 먹여주냐?"라고 묻는 것은 언제 결혼하겠느냐고 묻는 인사말인데, 이는 혼인 잔치에서 하객에게 국수를 대접한 오랜 풍습에서 유래한다. 신랑 신부의 사랑과 인연이 길어지기를 기원하는 뜻에서 생긴 이 전통은 서양식 결혼식이 일반화된 요즘에도 이어져 메인 코스로는 스테이크를 먹더라도 마무리는 잔치국수(따뜻한 국물에 소면을 만 국수)를 내기도 한다. 알곡이 서로 분리되어 있는 쌀알과 달리 면은 길게 얽힌 모양새 때문에 시간을 상징했다. 긴 국수 가락이 장수와 끊기지 않는 우정, 사랑을 상징한다는 믿음은 한국뿐 아니라 국수를 즐겨 먹는 아시아 여러 나라에서 발견할 수 있다. 이러한 상징성은 면을 통해 한국과 세계의 부엌이 밀접하게 연결되어 있음을 보여준다. ↪ '국, 한국인의 일생과 함께 살다' 48쪽

인간은 의미를 먹는 존재다. 인간에게 음식은 단순히 육체적 생존을 위해 필요한 연료 이상의 문화적 의미가 있다. 인생에서 가치 있는 순간은 음식에 대한 기억과 뗄 수 없다. 한국인에게 국수는 그런 각별한 지위를 갖는다. 출생부터 혼인, 죽음에 이르는 통과의례를 이어주고 엮어주는 실과 같은 음식이다. 마지막으로, 한국인을 미소 짓게 하는 팁을 알려주겠다. "국수 한 그릇 합시다!"

이순화

제일국수공장은 경북 포항, 바로 앞에 바다를 면한 구룡포시장 안에 자리한다. 1971년, 제일국수공장 문을 연 이순화 명인은 53년째 한결같은 방식으로 국수를 만들고 있다. 먼저 밀가루를 소금물로 반죽해 롤러가 달린 기계에 넣고 2mm 정도의 두께로 얇게 펴서 가는 국수를 뽑아낸다. 그런 다음 수십 가닥의 긴 국수 가락을 막대에 걸쳐 바람과 햇빛이 잘 드는 뒷마당에 줄줄이 내건다. 1시간 정도 건조하다가 국수 끝이 살짝 마른 반건조 상태가 되면 실내 숙성실로 옮겨 15시간 정도 건조, 숙성한다. 그러고 나서 다시 바깥에 넣어 완전히 말린다. 맑은 날에는 꼬박 이틀이 걸리고, 흐린 날에는 사나흘도 소요된다. 밀가루, 물, 소금만으로 만드는 이 소박한 국수가 특별한 이유는 여전히 예전처럼 바닷바람으로 건조하기 때문이다. 지척에 있는 호미곶(호랑이 형태를 띤 한반도에서 꼬리에 해당하는 곳으로 바다를 향해 돌출된 지역. 새해 해돋이 명소로 알려져 있다)에서 불어오는 바닷바람이 '꼬불꼬불하지 않고 매끈하게 말려주는' 이곳 국수는 '해풍국수'라고 부른다. 바닷바람에 염분이 섞여 있기 때문에 명인은 날씨에 따라 소금물의 농도를 조절한다. 과학적 통계가 아니라 오로지 오랜 경험에서 터득한 '감'으로 결정할 수 있는 부분이다. 1970년대만 해도 여덟 군데나 되던 근방의 국수 공장은 모두 문을 닫았고 이제 이곳만 남았다. 몇 년 전부터는 큰아들이 가업을 이어받아 최신 설비를 갖춘 국수 공장을 새로 지었지만 해풍 건조 방식만은 고수하고 있다. 대량으로 급속 건조하는 국수와는 비교할 수 없을 정도로 쫄깃하고 부드러운 국수 맛을 포기할 수 없기 때문이다.

함흥 냉면

평양 냉면

정선 올챙이 국수

춘천 막국수

안동 건진 국수

전주 팥칼국수

포항 모리국수

부산 밀면

군산 짬뽕

제주 고기국수

국수 따라 길 따라, 코리안 누들 로드

글 · <행복이 가득한 집> 아카이브

전국 팔도의 다채로운 국수 지도.
각 지역의 국수 한 그릇에는 그곳 삶의
모습이 고스란히 깃들어 있다.

"아, 이 반가운 것은 무엇인가/ 이 히수무레하고 부드럽고 수수하고 슴슴한 것은 무엇인가/ 겨울밤 쩡하니 닉은 동티미국을 좋아하고/ 얼얼한 댕추가루를 좋아하고/ 싱싱한 산꿩의 고기를 좋아하고/ 그리고 담배 내음새 탄수 내음새/ 또 수육을 삶는 육수국 내음새/ 자욱한 더북한 삿방 쩔쩔 끓는/ 아르궅을 좋아하는 이것은 무엇인가// 이 조용한 마을과 이 마을의 으젓한 사람들과/ 살틀하니 친한 것은 무엇인가/ 이 그지없이 고담故談하고/ 소박한 것은 무엇인가."
– 백석, '국수' 중

국수만큼 적응을 잘하는 음식이 또 있을까? 국수라는 게 마치 흰 도화지 같아서 어디에 가도 그 지역의 환경과 상황에 맞게 변화하며 뿌리를 내리고 만다. 그래서 한국 역시 '국수'라면 어느 지역 하나 빠지지 않고 할 얘기가 많다.

송나라 사신 서긍徐兢이 지은 <고려도경高麗圖經>에 "비싸서 성례成禮 때가 아니면 먹지 못한다. 10여 가지 식미食味 중 면식麵食을 으뜸으로 삼는다"라는 구절이 나온다. 이로 보아 한국에 국수가 전해진 것은 송나라에서 유학한 고려 승려들에 의해서였을 것으로 추측한다. 밀가루는 조선 시대에도 귀하고 비싸 오래된 음식 책에는 밀가루보다 메밀로 만든 국수가 훨씬 많이 등장한다.

국수는 그 지역에서 가장 잘 자라고 구하기 쉬운 재료로 만든다. 춥고 척박한 북쪽에서는 메밀로, 따뜻한 남쪽에서는 밀가루로 면을 뽑는다. 고명과 육수 재료 역시 마찬가지다. 그래서 고향이 북쪽인 사람들은 추운 겨울 뜨뜻한 아랫목에서 이가 시리도록 찬 동치미 국물에 메밀이나 감자 녹말로 만든 냉면을 말아 먹고, 남도 출신은 더운 여름 뜨거운 닭국에 호박을 썰어 넣은 제물칼국수나 장국에 끓인 온면을 땀 흘리면서 먹었다.

지역의 토속 국수와 유명한 국수를 따라 길을 떠났다. 막상 맛을 보니 국수 한 그릇에는 그 지역의 자화상과 삶의 애환이 고스란히 깃들어 있었다. 삶의 희로애락이 담긴 '가늘고 긴 기묘한 음식', 이제 그 애틋한 국수 이야기를 풀어놓으려 한다. 팔도 최강의 다채로운 국수를 맛보시라!

춘천 막국수

막국수의 '막'은 '마구마구'란 의미로, 보편적으로 만들어 먹던 국수를 뜻한다. 강원도 춘천은 막국수 하면 제일 먼저 떠오르는 지역이기에 춘천 막국수 체험 박물관(033-244-8869)도 있고, 매년 '춘천 막국수·닭갈비 축제'도 연다. 춘천의 막국수 면은 메밀가루에 다양한 곡물 가루를 섞어서 뽑는데, 주로 메밀 함량 80%를 기준으로 메밀 함량을 높이거나 낮춘다. 본래 막국수는 '옆집으로도 배달 안 한다'고 할 정도로 면이 쉽게 퍼지기 때문에 맛있게 먹으려면 음식을 받자마자 재빨리 먹어야 한다. 금방 삶은 면에 양념장과 오이채, 김 가루, 달걀 등을 고명으로 얹어 내는데 면은 투박하며 양념 맛은 강하지 않고 깔끔하다. 동치미 국물에 사골 육수를 반반 섞은 국물을 한 국자 넣어 비벼 먹거나, 처음엔 그냥 먹다가 동치미 국물에 말아 먹기도 하고, 처음부터 동치미 국물에 넣어 말아 먹는 등 취향에 따라 먹는 방법이 다양하다.

군산 짬뽕

일본에 나가사키 '잔폰ちゃんぽん'이 있다면, 대한민국에는 군산 '짬뽕'이 있다. 나가사키 인근 바다에서 많이 잡히는 해산물과 숙주나물, 양상추를 넣어 끓인 음식이 바로 나가사키 잔폰이다. 그리고 나가사키 잔폰에 마른 고추나 고춧가루를 넣어 끓이면 한국식 짬뽕이 된다. 한국 짬뽕의 조리법은 나가사키 잔폰에서 유래했다고 봐야 할 듯하다. 일제강점기에 개항지인 군산에는 많은 중국인 화교들이 모여 살았는데, 이들이 나가사키 화교들과 연결되면서 서로의 음식 문화에 영향을 주었다. 군산이 짬뽕 격전지가 될 수밖에 없는 이유다. 탱탱한 오징어, 꼬막, 바지락이 듬뿍 든 국물에 돼지고기를 수북이 올려 그릇이 넘치도록 담아주는데 맵싸한 향이 코끝을 자극한다. 주문을 받자마자 돼지고기와 채소를 볶고, 물(우려둔 육수가 아닌)과 해물을 넣어 '특제 국물'을 만든다.

전주 팥칼국수

음식으로 둘째가라면 서러울 전라도에서 유독 덜 발달한 게 있으니, 바로 국수다. 호남 지방은 최대의 곡창지대라 쌀이 풍부했고, 예부터 음식 문화가 발달한 덕에 면식 문화가 끼어들 틈이 없었다. 그런 전라도에서 별식으로 만들어 먹던 유일한 국수가 바로 팥칼국수다. 옛날에는 더위를 이길 요량으로 삼복에 많이 먹어 팥칼국수나 팥죽을 '복죽'이라 부르기도 했다. <동의보감>에는 "팥은 소갈증과 설사 등을 치유하는 데 효험이 있다"라고 적혀 있다. 팥칼국수의 맛은 팥을 얼마나 적당히 삶았는가가 좌우한다. 팥의 독성을 빼내기 위해 팥을 애벌로 한 번 삶은 다음 첫 물은 버리고 다시 30분 정도 삶는다. 여기에 물을 부어 농도를 조절하면서 칼국수 면을 넣어 한소끔 끓인다. 슴슴하게 간이 돼 있지만 취향에 따라 설탕이나 소금을 더해 먹는데, 전라도 사람들은 대개 설탕을 넣어 달달하게 먹는다.

정선 올챙이국수

해가 뜨자마자 넘어가버린다 할 정도로 깊은 산골, 강원도 정선은 평지가 귀하다. 그래서 부족한 곡식으로 배불리 먹을 수 있는 방법을 찾기 위해 개발한 것이 올챙이국수다. 불린 옥수수를 곱게 간 다음 체에 밭쳐 건더기를 걸러낸 후 가마솥에 붓고 눌어붙지 않도록 저으면서 뭉근히 끓인다. 그러면 걸쭉해지는데, 이걸 구멍이 숭숭 뚫린 박 바가지에 부어 숟가락으로 비벼 찬물을 담은 그릇에 떨어뜨린다. 반죽이 구멍을 통과해 떨어지면서 2~3cm 길이의 올챙이국수가 된다. 바가지에 내릴 때 힘을 줘 누른 부분은 굵고 통통하지만 끝부분으로 갈수록 가늘어 올챙이 생김새와 비슷하다. 국수에 오이냉국이나 멸치 국물을 끼얹은 다음 양념간장과 김치를 곁들여 먹는다. 만드는 과정이 복잡하고 힘겹지만 한 그릇 먹고 나면 올챙이처럼 금세 배가 불뚝해져 춘궁기를 버티게 도와주었다.

부산 밀면

부산을 비롯한 경상도 지역에 국수 문화가 퍼지기 시작한 건 1950년대 미국이 값싼 밀가루를 구호물자로 공급하면서부터다. 그중 밀면은 남쪽으로 피란 간 이북 사람들이 냉면을 만들어 먹고 싶은데 메밀가루를 구할 수 없어 대신 밀가루로 만든 것. 밀가루에 고구마 녹말과 감자 녹말을 섞어 약간 누런빛을 띠는데, 먹어보면 평양냉면(메밀)보다는 쫄깃하고 함흥냉면(감자 녹말)보다는 잘 끊어진다. 예전에는 돼지 육수나 멸치 국물을 이용했지만, 요즘엔 쇠고기 육수로 맛을 내는 게 일반적이다. 주문을 하면 곧바로 펄펄 끓는 물에 국수를 뽑아 내리며 삶는다. 대접에 설탕, 식초, 겨자, 참기름을 조금씩 넣고 무초절임 국물을 한 국자 떠 넣은 뒤 삶은 면을 사리 지어 담는다. 그 위에 매콤한 양념과 오이채, 무채, 편육, 삶은 달걀, 채 썬 지단 등을 소복하게 올린 다음 살얼음 낀 육수를 붓는다.

제주 고기국수

제주도의 고기국수는 비교적 최근에 알려졌다. 제주도에서는 잔칫날 돼지를 잡아 손님에게 대접했는데 고기는 삶아 편육으로 내고, 뼈는 발라 푹 곤 뒤 이 국물에 면을 말고 돼지고기 편육을 고명으로 얹어 내던 데서 유래했다. 제주도 잔치 음식인 고기국수를 대중화한 식당에 가면 뽀얀 돼지 뼈 우린 국물에 칼국수 면보다 조금 가는 면을 넣어 삶은 뒤 '돔베고기'라 부르는 삼겹살 편육, 송송 썬 대파, 채 썬 당근을 고명으로 올려 낸다. '돔베'란 제주 방언으로 도마를 뜻하는데, 편육을 나무 도마에 얹어 내면서 붙은 이름이다. 고기국수는 서울 사람도 즐겨 먹어 서울에도 제주 고기국수 음식점이 많이 생겼다. 제주와 다른 점은 서울 사람들이 넓은 면을 싫어해 중면을 사용한다는 것. 돼지 뼈 곤 육수에 삼겹살 편육이 들어 있어 한 그릇 먹고 나면 든든한 고기국수는 국물에 양념과 김 가루를 푼 다음 부추김치를 얹어 먹는다.

안동 건진국수

밀가루에 콩가루를 섞어 만드는 게 특징인 안동 국수는 두 종류가 있다. 국수를 삶아서 찬물에 식혀 건진 뒤 장국에 말아 먹는 건진국수와, 국수를 따로 삶지 않고 육수나 멸치 장국에 삶아 걸쭉한 국물째 먹는 제물국수(누름국수)가 그것이다. 건진국수는 안동 양반집에서 여름철에 즐겨 먹던 국수인데, 국수를 삶은 다음 찬물에 식혀 건졌다고 해서 그런 이름이 붙었다. 제물국수는 서민이 겨울에 많이 먹던 것으로, 예전에는 낙동강에서 잡히는 은어로 국물을 내 독특한 맛을 냈다고 한다. 밀가루와 콩가루를 섞어 반죽해 큰 홍두깨로 밀어 국숫발을 만든다. 이 국수를 배춧잎과 함께 삶아 찬물에 헹궈 건진 뒤, 달걀지단채와 오이채, 김 가루와 깨소금을 뿌리고 멸치 국물을 부어 내면 건진국수, 육수에 면과 배춧잎을 넣고 같이 끓여 고명을 올리면 제물국수가 된다.

포항 모리국수

경북 포항 구룡포항에는 모리국수가 유명하다. 큰 양은 냄비에 해산물과 콩나물을 넣고 고춧가루 양념으로 얼큰하게 끓여내는 국수다. 예부터 구룡포에는 해산물이 넘쳐나, 어부들이 어판장에서 팔고 남은 생선을 식당에 가져가 국수 넣고 끓여달라고 해서 먹던 것이 시초다. 뱃일을 마친 어부들은 지친 속을 달래줄 따끈한 국물이 필요했을 것이다. 냄비에 생선을 '모디(모아의 사투리)' 넣고 여럿이 '모디' 먹는다고 해서 모리국수라는 이름이 붙었단다. 아귀와 아귀 내장, 물메기, 미더덕, 홍합, 말린 새우를 담고 구룡포산 대게와 다시마로 끓인 육수를 부어 고춧가루와 양념장을 풀어 끓이다가 콩나물을 얹는다. 면은 따로 삶는다. 콩나물 숨이 죽으면 면을 넣고 한소끔 끓여 냄비째 식탁으로 옮긴다. 칼칼하고 시원해 속이 탁 풀리는 느낌. 해물 가짓수가 많고 국물이 걸쭉해 모양새는 투박하지만, 비린 것 못 먹는 이도 맛있게 먹을 만큼 뒷맛이 개운하다.

불가사의하고 신비한 냉면

글 · 박찬일(요리사, 음식 칼럼니스트)

한국인처럼 차가운 면 요리를 먹는 민족은 드물다. 한국의 찬 면 요리를 대표하는 것이 바로 냉면. 냉면 중에서도 평양냉면은 밍밍하면서도 중독성 짙은 맛이 특징으로, 두터운 마니아층을 확보하고 있다. 사진은 평양면옥의 평양냉면.

아마도 차가운 면 요리를 먹는 민족은 한국인 외에 거의 없을 것 같다. 예를 들어 한국의 중국요릿집에서는 '중화냉면'이라는 걸 파는데, 이는 사실 중국에는 없는 것이다. 한국 화교 요리사들이 여름에 매출이 떨어지자 한국 냉면을 보고 고안한 메뉴이기 때문이다. 중국에서는 여름에 미지근한 짜장면 또는 비빔면을 먹는데, 그것이 그들에게는 시원하게 먹는 국수다. 한국이나 일본의 이탤리언 식당에서 파는 차가운 여름 파스타도 정작 이탈리아에는 없다. 파스타를 넣은 샐러드는 있지만 얼음에 헹궈서 이가 시리게 면을 먹는 관습은 없는 것이다. 이 역시 한국과 일본에 있는 이탤리언 식당 요리사들이 개발한 것이다.

요즘 한국에선 일본으로부터 전해온 메밀국수가 인기 있다. 인스턴트식품으로도 나와 있을 정도이고, 도시마다 유명한 노포도 있다. 그러나 일본식이되 한국화되어 있다. 일본의 메밀국수(소바)는 차갑다기보다는 뜨겁지 않은 국수다. 삶은 면을 찬물에 헹궈서 짠 장국에 찍어 먹는다. 절대로 차가운 국수가 아니다. 한국에서 처음 이 메밀국수를 받아들였을 때는 아마 그랬을 것이다. 그러나 한국인이 만들고, 한국인 손님이 먹으면서 한국화의 길을 걸었다. 어떻게? 바로 한국 냉면과 같은 방법이었다. 장국이 점차 싱거워지고 양이 늘어 냉면 육수처럼 적당한 농도가 되었다. 최근에는 아예 슬러시가 되었다. 장국에 찍어 먹는 방식이 여전히 남아 있기는 하지만 아예 그 장국을 냉면 육수처럼 만들어 국수를 넣어서 내는 집이 더 많다. 무엇이든 차갑다고 여기는 국수는 냉면화, 즉 '냉면라이제이션'해버리는 것이다. 중국 비빔면도, 이탈리아 파스타도 냉면화하는 나라니까 이 정도는 그다지 어려운 일이 아니다.

흥미로운 것은 아주 차가운 음식은 미각적으로 맛이 덜 느껴진다는 것이다. 그런데도 한국인은 냉면에 열광한다. 냉면을 다룬 단행본이나 TV 다큐멘터리가 인기 있고, 종종 드라마에도 냉면집이 배경으로 나오며, 여름이면 냉면집 안에는 열정적 팬들이 후루룩 후룩 면을 먹고 국물을 들이마신다. 차가운 그릇째 들고서. 미국의 유명한 요리 작가 빌 버포드Bill Buford의 <앗 뜨거워(Heat)>에는 토스카나 정육점 주인이 소금에 절인 고기를 나눠주고, 가게 안에 가득 찬 손님들이 미친 듯이 그걸 먹는 장면을 '레퀴엠'이 들리는 현장으로 유머러스하게 묘사하는 장면이 나온다. 나는 여름이면 한국의 냉면집에 꼭 당신이 들러보길 바란다. '레퀴엠'은 들리지 않지만, 반쯤 넋이 나가 보이는 냉면 광들을 만날 수 있을 테니까. 물론 그 줄에는 나도 끼어 있다.

냉면집 주인이 스타가 되는 나라

냉면집은 가장 콧대 높은 식당이기도 하다. 어지간해서는 인터뷰나 촬영을 허락하지 않는다. 굳이 홍보하지 않아도 장사가 잘되기 때문이다. 내가 책에 싣기 위해 냉면집 두 곳을 섭외했는데, 냉면값만 수십만 원 들었다. 수차례 가서 얼굴을 익히고 괴롭힌(?) 끝에 인터뷰할 수 있었다. 그때 한 냉면집 주인은 미안한 얼굴로 말했다. "당신 때문에 나는 많은 기자에게 원망을 사게 생겼어요. 책임지세요. 아, 하지만 이게 제가 하는 마지막 인터뷰일 것 같군요."

　　냉면집 주인이 록 스타가 되는 나라가 한국이다. 냉면은 만들기 아주 쉬워 보이는 음식으로, 차가운 국물에 차가운 국수가 빠져 있다. 평양식 냉면의 경우 삶은 달걀과 역시 식은 고기 한두 점, 고춧가루가 적은 김치가 올라가 있을 뿐이다. "단순할수록 어렵다"라는 말이 냉면에도 적용된다. 그래서 그 간결한 모습이 더 고상하고 품위 있어 보이는 것 같다. 많은 사람이 냉면집을 열려고 한다. 잘하는 냉면집으로 소문나면 인기도 돈도 얻을 수 있기 때문이다. 그러나 냉면이라는 성은 아주 완고하다. 좀체 성문을 열지 않는다. 몇몇 노포 말고는 유명한 집이 별로 없는 것도 그런 이유다. 오래된 집이 아니면 쉽게 인기를 끌기 어렵다. '아미'들(방탄소년단 팬클럽)의 충성심과 비슷하다. 냉면 기술은 쉽게 유출되지 않아서 그렇다고들 한다. 어떤 냉면집 주인에게 들은 이야기인데, 자기 가게 주방 뒷문 쪽에는 늘 서성이는 사람들이 있다고 한다. 주방장과 접촉해 스카우트하려는 이들이다. 한번은 어떤 이가 한 직원을 스카우트해서 냉면집을 열었는데 망하고 말았다. 그는 주방장이 아니었는데, 주방장이라고 거짓말을 한 것이었다. 흥미롭게도 평양냉면집은 사장만이 육수 배합률을 알고 있는 경우가 많고, 면과 육수 담당을 따로 두고 재직 기간 내내 같은 일만 하도록 한다. 냉면 만드는 전 과정을 누구도 알지 못하게 하기 위함이다. 물론 최근에는 요리 과학으로 무장하고 용감한 시도를 거듭해 그럴듯한 냉면을 만들어 개업, 인기를 끄는 집도 꽤 있다. 그러나 어지간한 열정이 없으면 불가능하다.

평양냉면은 그토록 인기가 있지만 정작 싫어하는 계층도 꽤 있다. 특히 낮은 연령층이 그렇다. 냉면 국물 맛이 밍밍하기 때문인 것 같다. 심하게는 "행주 빤 물 같다"라고 하는 이도 있다. 자극적 요소가 없는 데다 차가운 음식은 원래 맛 분자가 잘 발현되지 못한다. 혀가 냉기에 마비되어 그렇다. 그래서 냉면 육수는 일반 국물 음식보다 더 짜다. 그런데도 중독성이 있는 게 또 냉면이다. 그렇게 평양냉면에 빠진 상태를 '평뽕'이라고 한다. '뽕'은 필로폰에서 유래한, 마약을 뜻하는 범죄 세계의 은어. 한 냉면광은 밤에는 금단현상까지 겪는다고 한다. 보통 유명한 냉면집은 밤 9시가 넘어서 불을 끈다.

냉면의 대표 주자, 평양냉면과 함흥냉면

냉면은 그냥 냉면이라고 하지 않는다. '평양'이거나 '함흥' 같은 지명이 붙는다. 서울, 부산, 대전 등 유명한 냉면집은 대부분 이북 실향민이나 혈육이 운영한다. 원래 디아스포라diaspora는 음식을 하게 되어 있다. 프랑스의 화교계 베트남 사람들이 중국 식당을 운영하며 먹고사는 것도 그런 경우다. 연줄과 혈육, 배경 없는 땅에서 이주민은 이국적 음식을 팔아서 먹고사는 게 유리한 까닭이다. 본디 실향민이 운영하는 냉면집 시장에 새로운 구성원이 비교적 쉽게 진출하는 경우가 있다. 남한 사람은 그토록 열심히 노력해도 시장 진입에 실패하는 그 시장에 말이다. 이른바 새터민이라고 하는 이들이다. 북한을 여러 가지 이유로 탈출한 이들이 냉면집을 한다. 심지어 한 신흥 냉면집은 짧은 역사에도 곧바로 시장에 안착했는데, 물론 냉면 맛도 좋았지만 주인의 혈통 덕분이었다고 해도 과언이 아니다. 그는 한 인터뷰에서 부친이 평양 출신이라는 걸 말했고, 기자는 그 대목에서 아주 감동받았다. 분명히 나도 그렇게 생각한다. 그의 부친이 평양 출신이라는 건 어떻게든 그 집 냉면에 영향을 미쳤을 것이라고.

냉면을 두고 메이저니 마이너니 하며 평가하는 것도 한국의 재미있는 문화다. 메이저란 좋은 육수를 쓰고, 메밀 함량도 높으며, 오래된 실향민의 혈통에다가 가격도 비싸고, 인기 있는 집을 의미한다. 마이너란 물론 이러한 조건을 갖추지 못한 집들이다. 사실 그 경계가 애매하기는 하다. 메이저로 분류하는 냉면집도 사실 알고 보면 별 볼일 없는 곳도 있긴 하니까. 이런 분류가 회자되는 것은 그만큼 냉면이 신비화되어 있다는 뜻이다.

요즘은 많이 달라졌지만, 그래도 여전히 한국을 방문하는 외국 관광객에

냉면은 메밀가루를 익반죽해 국수 틀에 넣고 눌러서 국수 가락을 빼는 대표적 압출면 음식이다.

게 냉면, 특히 평양냉면은 '어려운' 음식이다. 한번은 외국인 대상으로 한 여론 조사 결과를 본 적이 있는데, 좋아하는 한식과 싫어하는 한식을 꼽는 항목이 있었다. 냉면은 싫어하는 편 맨 위쪽에 있었다. 도대체 왜 이렇게 차가운 음식을 먹는가(서양의 경우 스페인의 가스파초 같은 냉수프가 있다지만, 얼음장을 둥둥 띄워 먹는 음식은 아니다). 알렉산더가 시칠리아 에트나산 정상에서 구한 얼음으로 처음 셔벗을 만들어 먹었다는 말이 있지만, 그것은 어디까지나 여름 음식이었다. 에트나는 한여름에도 정상에 얼음이 있었으니까. 이탈리아인은 젤라토를 한겨울에도 먹지만 그것은 어디까지나 디저트니까. 그래서 한국의 냉면은 더욱 불가사의하고 신비로운 음식이 되어버렸다.

평양냉면은 이제 오랜 세월을 두고 남한 사람에게도 솔 푸드가 되었다. 기실, 시내의 냉면집에서 보는 머리 허연 어르신들 중에는 실향민이 거의 없다. 분단된 지 오래되어 북쪽에서 냉면을 먹은 기억을 가진 세대는 거의 없다. 지금 냉면집을 채우는 어르신들은 남한 사람이고, 그들 역시 오랜 세월 냉면을 먹어왔다. 그것이 평양냉면이 지닌 아이러니다.

냉면은 꼭 평양냉면만 있는 것은 아니다. 평안도를 비롯해 황해도, 함경도 등이 두루 냉면 권역이다. 이 지역의 실향민들이 각기 남한에서 냉면집을 열었다. 다소 생소한 황해도식 냉면도 인천을 중심으로 여러 곳에서 영업하고 있다. 까나리액젓을 쓰는 걸로 유명한 백령도 냉면 또한 분단 전 황해도 음식의 자장磁場 아래 있다고 해도 틀린 말이 아니다.

평양냉면이 순수한 냉면의 본령으로 회자되지만, 실은 함경도도 이에 못지않다. 인구수나 영향력에서 평양에 못 미칠 뿐이다. 흥미로운 점은 남한에서 함흥냉면이 아주 인기 있다는 것이다. 더 흥미로운 건 함흥에도 평양식처럼 물냉면이 있지만, 남한에서는 함흥의 비빔냉면이 훨씬 유명하다는 사실이다. 이는 남한 미식 세계에서 두 지역의 냉면을 서로 구분하며 평양은 물, 함흥은 비빔으로 고착화했을 가능성이 높다. 현재 북한 관련 자료나 함경도 지역에서 온 새터민들의 증언을 종합해보면 함흥 지역의 대표 냉면은 물냉면이다. 남한의 함흥냉면과 비슷한 비빔국수도 물론 건재한 것으로 확인된다.

남한에서 함흥냉면은 매콤 달콤한 맛으로 인기를 끌었다. 적어도 분단 이후에는 이런 냉면을 파는 가게가 서울을 중심으로 생겨났다. 매운 양념, 주로 삭힌 생선을 얹는 고명 방식, 그리고 고구마를 중심으로 만든 전분 면이 그것이다. 처음에는 강원도에서 구할 수 있는 가자미나 기타 생선을 고명으로 쓰다가 홍어, 가오리, 명태 등으로 바뀌었다. 서울에서 가장 유명한 오장동 함흥냉면집의 경우 현재 홍어회를 고명으로 쓰고 있다.

남한의 함흥냉면과 비슷한 것이 북한에 두 가지 있다. 하나는 명태회국수로, 함경도에서 많이 먹는 음식이다. 이와 유사한 음식이 강원도 속초에서 명태 고명을 얹은 함흥냉면으로 남아 있어서 그 연관성을 짚어볼 수 있다. 알다시피 속초는 함경도 실향민이 대거 월남해 성장한 도시인 까닭이다. 북한의 요리책에는 명태회국수가 실려 있으며, 실제로 북한에서 많이 먹는다. 흥미로운 건 서울의 함흥냉면도 명태회국수와 아주 닮았다는 점이다. 함경도는 명태나 조개 등 해산물을 국수에 얹어 먹는 것을 즐겼다. 그런데 이런 해산물 국수에도 육수를 쓴다. 면 1인분이 200g이면 육수 반 컵을 곁들인다. 국수에 부어서도 먹지만, 따로 육수만 그릇에 담아내기도 한다. 남한의 함흥냉면 먹는 법과 아주 비슷하다. 보통 함흥냉면집에 가면 뜨거운 육수를 컵에 부어 내주지 않는가.

명태회국수 말고 또 하나는 함흥 농마(전분)국수가 있다. 이것이 서울에서 파는 함흥냉면과 아주 닮았다. 주로 고구마 전분을 쓰는 남한과 달리 감자 전분이 주재료다. 면을 뽑아 여기에 참깨와 고춧가루를 뿌리고, 쇠고기나 돼지고기를 삶아 얹는다. 뜨겁게 먹는 음식이 아니어서 여름에 먹기 딱 좋다. 남한의 함흥냉면은 차갑고 달면서 맵게 만들지만, 북한에서는 구수한 비빔국수처럼 즐긴다. 사족이지만, 함경도에도 아예 얼음 같은 육수를 쓰는 함경도 냉면이 따로 있다. 평양냉면과 비슷한데, 면이 전분이라는 점이 다르다.

라면을 찾아서

글 · 고영(음식 문화 연구자)

① 라면 중에는 기름에 튀기지 않은 건면도 있다. 하지만 라면 산업과 소비의 기본값은 유탕면이다.

한국인에게 라면은 '누구나'의 음식이면서 '누군가'의 음식이다. '국민 식품' '100만 자취생의 솔 푸드'라는 표제어는 허투루 붙은 말이 아니다. 1960년대에 태어난 한국의 라면이 '가난의 음식'이었다면, 21세기의 라면은 '취향의 음식'으로 진화했다.

익숙하다 못해 내 생활 속에서 비근하기까지 한 사물일수록 그에 대한 최소한의 정의부터 돌아볼 필요가 있다. 그러고 나서야 바로 그 사물을 둘러싼 논의를 구체적으로, 게다가 제대로 시작할 수 있다. 먼저 국립국어원이 편찬하고 수시로 개정 증보하는 <표준국어대사전>부터 들여다보자. '라면'의 정의가 이렇다. "국수를 증기로 익히고 기름에 튀겨서 말린 즉석식품. 가루수프를 따로 넣는다."

국립민속박물관이 편찬하고 수시로 개정·증보하는 <한국의식주생활사전>의 정의는 이렇다. "국수(면麵)를 증숙시킨 뒤 기름에 튀겨 만든 유탕면에 분말 또는 액상 수프를 별첨해 만든 즉석식품."①

이 정의에 따르면 현대 한국인 일상 속의 라면은 '즉석 유탕면'으로 요약된다. 비근한 사물에 비근한 정의지만 그 행간이 만만찮다. 먼저 국수라는 말이 그렇다. 국수를 한자로 쓰면 '면麵'이다. 이는 한자 문화권이 공유하는 어휘다. 면을 중국어로 읽으면 '멘', 일본어로 읽으면 '멘'이다. 국수는 전 지구에 다 있다. 영어로는 누들noodle, 프랑스어로는 파트pâte, 이탈리아어로는 파스타pasta라고 한다. 제면의 핵심은 곡물 가루 또는 전분으로 반죽을 만들고, 반죽에서 가락을 내는 행위다. 이때 재료와 제법에 수많은 변형과 응용이 있지만, 전 지구를 통틀어 가장 기본적인 국수 반죽의 재료는 소맥분, 곧 밀가루다. 그리고 '제면製麵'이라는 말 자체가 밀가루 반죽을 전제로 하는 어휘다. 참고로 밀(小麥, wheat)은 볏과 식물이고 메밀은 마디풀과 식물이다. 이름에 '밀'이 들어 있긴 하지만 메밀은 밀, 보리, 귀리, 호밀 등이 속한 '맥류麥類'에 들지 않는다. 그리고 쌀국수(미분米粉, 미선米線, 하분河粉 등)는 밀가루 반죽에서 나온 면의 동아리 밖에서 따로 논의되는 분야다. 요컨대 현대 한국의 라면이란 즉석 유탕면이고, 어디까지나 밀가루가 주재료인 국수다. 이 국수의 본격적인 생산과 소비 그리고 이름은 제2차 세계대전 이후 일본에서 시작되었다.

② 1961년 창립 당시 상호는
삼양제유주식회사다. 1965년에는
삼양식품공업주식회사로, 1990년에는
삼양식품주식회사로 상호를 변경했다.
③ 국립민속박물관,
<한국의식주생활사전> '라면' 항목.

1950년대 미국이 원조한 밀가루를
담던 포대. 국립민속박물관 소장.

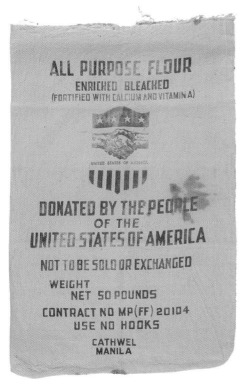

라면과 한국인의 만남

1958년 8월 25일 일본 오사카에서 세계 최초의 인스턴트 라면 '치킨라멘チキン ラーメン'이 세상에 나온다. 발명자 안도 모모후쿠(安藤百福, 1910~2007)는 치킨라멘을 내놓은 이후 보잘것없던 자신의 회사를 닛신식품(日淸食品)으로 재정비하고 생산량을 늘리는 데 박차를 가한다. 인스턴트 라면은 처음 나온 직후에는 비싼 가격 때문에 잠시 외면받았으나 곧 인기를 끌어 1959년 일일 10만 개 생산 설비를 갖추고도 주문을 따라가지 못할 정도였다. 인스턴트 라면의 성공을 본 다른 업체도 바로 경쟁에 뛰어든다. 1959년 오사카에 자리한 에스콧쿠에 ースコック(Acecook)가 '페킨라멘(北京ラーメン)'을 내놓았고, 1960년 도쿄에 자리한 묘조식품(明星食品)이 '묘조아지쓰케라멘(明星味付ラーメン)'을 내놓으며 경쟁은 더욱 불붙는다. 산업과 소비가 궤도에 오른 셈이다. 1961년에는 묘조식품이 면과 가루수프를 따로 포장한 제품을 내놓는다. 이전에는 면 자체에 간과 양념을 했는데, 이후로는 면 따로 가루수프 따로 포장하는 것이 대세가 되어 오늘에 이른다.

여기까지가 한국인의 라면을 보다 깊이 이해하기 위해 살펴볼 만한 간략한 인스턴트 라면의 시작이다. 그리고 1963년 일본의 인스턴트 라면 제조 기술과 인력이 대한해협을 건넌다.

1963년 삼양식품②이 한국 최초의 라면인 '삼양라면'을 만들어 선보인 당시, 그 제조 설비와 기술 인력 모두 묘조식품에서 건너온 것이다. 그 후 두 세대가 지난 60년이 채 되지 않은 오늘, "현재 라면은 저렴한 가격과 간편한 조리법 등으로 대중의 사랑을 크게 받는 음식이 되었다. 또 한국 라면에 있는 특유의 맛으로 세계인의 입맛까지 사로잡고 있어 감히 라면은 한국을 대표하는 음식 중 하나라고 할 수 있을 것"③이라는 평가까지 나올 정도다. 하지만 한국인과 라면의 만남이 처음부터 순탄하지만은 않았다. '라면'이라는 말을 처음 접한 사람 가운데 일부는 라면을 옷감으로 착각하기도 했다. '라'는 '羅(비단 라)', '면'은 '綿(솜 면)'을 연상시켰기 때문이다. 또는 합성수지 용기나 약품으로 오해하기도 했다. 무엇보다 밥 중심의 식생활을 이어온 한국인은 라면 한 봉지가 한 끼가 될 수 있다는 인식을 하기 어려웠다. 밥심으로 살아온 한국인에게 밀가루 국수란 어

④ 삼양식품그룹, <삼양식품삼십년사>, 1991.

쩌다 먹는 보조식일 뿐이었다.④

인식과 식생활의 전환, 그에 따른 라면의 승승장구는 한국에서나 일본에서나 시대가 만들어냈다. 다시 일본으로 넘어가보자. 제2차 세계대전 이후 일본 서민 대중의 식생활은 궁핍하기 이를 데 없었다. 이때 어마어마하게 들어온 미국의 원조 밀가루는 일식 우동 또는 일본인의 입맛에 맞는 중식 밀가루 국수로 변신해 쌀밥과 맞먹는 한 끼가 되어주었다. 원래 일본 정부는 전후의 쌀 부족 문제를 원조 밀가루를 활용한 빵으로 해결한다는 생각이 있었다. 그러나 서민 대중은 손에 들어온 밀가루로 빵보다는 국수를 만들어냈다. 일본인의 입맛에 맞는 양념, 고명, 국물과 어우러진 밀가루 국수는 역전과 시장통에서 더욱 인기를 끌었다. 현대 일식 우동·소면·라멘의 전후 굴기는 원조 밀가루에 힘입은 바 크다. 원래 제면을 하던 곳에서는 원조 밀가루를 활용한 건면 생산에 더욱 박차를 가했고, 기업의 인스턴트 라면 기획 또한 대중의 기호 및 지역과 기업의 건면 제조 경험에 바탕한 행동이었다. 여기서 '라멘'이라는 어휘의 유래도 떠올려볼 만하다. 반죽에서 가락을 내는 원리는 크게 다음 네 가지로 요약된다.

• 반죽을 넓게 펴 칼로 썰어 가락을 내는 방법.
• 반죽을 대롱 또는 구멍에 밀어내어 가락을 뽑는 방법.
• 도구와 시설을 사용해 가락을 최대한 가늘고 길게 늘여 뽑는 방법.
• 인체의 조건이 허락하는 한에서 손으로 가락을 늘여 뽑는 방법.

이 가운데 마지막에 해당하는 기술, 또는 그렇게 해서 낸 국수를 한자로 쓰면 '랍면拉麵'이다. 이를 일본어로 읽으면 '라멘ラーメン'이다. 칼날이 있는 제면기를 쓰는 일식 라멘이나 대형 공장의 인스턴트 라면은 손으로 면을 뽑지는 않지만 이름만은 거기서 따온 것이다. 또한 근현대의 밀가루 국수란 일본인의 감각으로는 중화풍이었다. 지역과 세대마다 복잡하기는 하지만 일식 라멘은 '시나소바(支那そば)' 또는 '주카소바(中華そば)'로도 불렸다. 일본어의 '시나'와 '주카'는 '중국' '중국식' '중국풍'을 뜻하는 말이다. 그러고 보면 에스콧쿠의 '페킨라멘'은 공연한 작명이 아니었다. 참고할 것이 하나 더 있다. 발명자 안도 모모후쿠는 원래 이름이 우바이푸(吳百福)로 조상의 뿌리를 중국 푸젠(福建)에 둔 타이완 출신이다. 그는 중국 남부와 타이완 곳곳에서 볼 수 있는, 튀겨서 보존 기간을 늘린 국수, 양념해 튀긴 면에 끓는 물을 부어 먹는 음식을 익히 경험한 사람이다. 인스턴트 라면의 역사에는 궁핍한 시대의 원조 밀가루, 서민 대중이 자신만의 방식으로 밀가루를 소화한 경험, 이미 있던 밀가루 국수 가게

노란 양은 냄비에 라면과 물을 넣어 포장지에 적힌 설명대로 끓이고, 면이 얼추 익은 후 '파 송송, 계란 탁' 올려 먹는다. 이것이 한국인의 라면 먹는 방식이다.

와 건면 공장의 고심, 동아시아를 아우른 제면 문화, 현대 식품공학이 두루 얽혀 있는 셈이다.

라멘 아닌 라면, 다시 태어나다

미국 원조 밀가루는 한국에도 쏟아졌다. 하지만 빵이 밥의 빈자리를 채우긴 역부족이었다. 한국인 또한 밀가루를 활용해 떡, 칼국수, 수제비, 건면 등을 만들었다. '밀떡'을 가지고 만든 현대 떡볶이는 서민 대중이 원조 밀가루를 한국식으로 소화하고 변용한 대표적 사례다. 한국인은 1963년 라면을 접하고도 얼마간 자기 식으로 밀가루를 활용할 뿐 라면에는 시큰둥했다. 그러던 중 라면 산업의 돌파구는 역시 시대가 내주었다.

1964년 한국 정부는 혼·분식 장려 운동을 한층 강화한다. 이전에도 쌀이 부족한 형편에서 이 같은 행정이 존재했지만 1964년부터는 보다 치밀해졌다는 말이다. 예컨대 이제 모든 요식업소에서는 어떤 식단이든 밥에 보리쌀이나 면류를 25% 이상 혼합해 판매하도록 했다. 게다가 매주 수요일과 토요일 오전 11시부터 오후 5시까지는 쌀밥 판매를 금지했다. 라면 산업 확대와 소비 진작은 정부 주도의 혼·분식 장려 정책과 맞아떨어지는 일이었다. 삼양라면이 버티는 동안 1965년 농심의 전신인 롯데공업주식회사가 '롯데라면'을 출시하면서 판을 키웠다. 이후 풍년식품, 신한제분, 동방유량, 풍국제면 등이 뛰어들어 1969년 삼양식품과 농심으로 정리되기까지 판을 더 키웠다. 최초의 외면을 극복하자 그 성장은 가팔랐다. 삼양식품 사사社史에 따르면 1963년 12월 20만 개에 그친 판매량은 1964년 5월 73만 개로 껑충 뛴다. 여기서 잊지 말아야 할 점은 빠르게 조리해 값싸게 한 끼를 해결해야만 하는 소비자의 증가다. 1960년대 중반 이후는 한국이 고도성장에 접어든 때이고, 많은 농민이 도시에 모여들어 저임금 노동자로 변한 시기다. 노동자에게 라면은 밥을 대신할 만한 한 끼였다. 부모가 일 나간 동안 조리에 익숙지 않은 어린이, 청소년이 한 끼를 해결하는 것도 큰일이었다. 1960년대 말 라면이 60만 한국 국군의 군납품으로 선택된 것은 어찌 보면 가장 효과적인 홍보였다. 라면은 이렇게 시대와 맞아떨어져 점점 더 한국인의 일상에 깊이 파고들었다.

여기서 한국인의 라면 기호와 한국 라면 제조업체의 선택을 들여다볼 필요가 있다. 라면을 놓고, 그것이 한국인의 라면인지 단박에 알아차릴 표지가 있다. 기어코 김치를 넣고 끓인다면? 갈데없는 한국인의 행동이다. 어떻게 조미한 제품이든 고춧가루를 듬뿍 뿌린다든지, 라면에 흰떡을 넣어 떡라면을 끓이는 것도 전형적인 한국식이다. 게다가 라면 국물에 밥을 말고 김치를 반찬 삼아, 말하자면 '라면국밥'을 깨끗이 해치우는 풍경을 떠올려보시라. 무슨 설명이 더 필요하겠는가. 한국 라면 제조사 또한 한국인의 기호에 따라 라면을 한국화했다. 1965년 롯데라면은 이미 닭고기 풍미가 아닌 쇠고기 풍미의 수프에 착안했다. 삼양라면은 1966년 이후 건조 수프에 고춧가루, 마늘, 양파의 풍미를 강화했다. 1970년에 출시한 롯데 '소고기라면'은 그야말로 국밥의 라면판이라고 할 만한 제품이었다. 당시 제품 개발에 참여한 인사는 서울 노포의 쇠고기국밥, 곰탕, 도가니탕과 그 음식에 대한 한국인의 각별한 선호를 염두에 두고 '소고기라면'을 개발했다고 회고한 바 있다. 그뿐만 아니다. 한국인이 좋아하는 칼국수, 냉면, 짜장면을 라면으로 소화하려는 기획도 이미 1970년대에 시작되었다.

김치와 한 벌이 되는 라면 상차림, 고춧가루 및 마늘 풍미에 대한 선호, 쇠고기 풍미를 기본으로 하는 기호, '밥을 말아 먹으면 맛있는 라면'이라는 관능의 선택은 오늘날까지도 이어지는 라면의 풍경이다. 최근에는 짬뽕이나 부대찌개의 풍미까지 라면이 바짝 쫓아가는 모습도 보인다. 얼큰함, 구수함, 시원함과 같은 감각의 저류는 깊이 들여다볼 만한 한국 라면 풍미의 바탕이다. 라볶이도 대중이 창안한 라면 변용의 좋은 예다. 이 경험은 짜장라면과 함께 라면에서 볶음면 분야를 견인한 측면이 있다. 라면 한 그릇에 담긴 세계가 이렇게 복잡다단하다.

한국 라면 연대기

1963년

한국 최초의 라면, 삼양라면 출시. 닭고기 베이스 국물이 특징.

1965년

롯데공업주식회사(현 농심) 롯데라면을 비롯해 풍년라면,
신한제분 닭표라면, 동방유량 해표라면, 풍국제면 아리랑라면 등 출시.

1970년

롯데 소고기라면 출시. 쇠고기 베이스 국물 라면의 시초.

1980년 대

한국 라면의 황금기. 농심 너구리(1982)·안성탕면(1983)·짜파게티(1984),
한국야쿠르트(현 팔도) 팔도비빔면(1984),
농심 신라면(1986), 한국야쿠르트 도시락면(1986).

1982년

농심 육개장사발면 출시를 시작으로 용기면 대중화.
86서울아시안게임, 88서울올림픽을 거치면서 세계 시장에 용기면이
본격적으로 소개.

1990년 대

라면 본격 해외 수출.
팔도 도시락면 러시아에 첫선(1991),
농심 중국 상하이와 칭다오에 생산시설 준공(각각 1996년, 1998년)

1998년

실험적인 라면 출시.
농심 컨디션라면, 오뚜기 채식면, 팔도 케찹라면 등.

2011년

하얀 국물 라면 등장.
삼양식품 나가사끼짬뽕, 오뚜기 기스면, 팔도 꼬꼬면 출시.

2015년

짬뽕 라면 열풍.
오뚜기 진짬뽕, 삼양식품 갓짬뽕, 농심 맛짬뽕, 팔도 불짬뽕 등.

2016년

HMR 라면의 본격화.
오뚜기 쇠고기미역국라면(2018), 북엇국라면(2019),
농심 고추장찌개면(2019),
삼양식품 바지락술찜면(2019) 출시.

2018년

랍면, 요괴라면, 갈비의 기사 등 재미있고 참신한 라면 등장.

2020년

모디슈머의 의견을 적극 반영한 라면 개발.
농심 짜파구리(짜파게티+너구리), 오뚜기 진진짜라(진짬뽕+진짜장) 출시.

떡과 찜,
찌다

선膳과 찜, 슬로푸드의 대명사

글 · 정혜경(호서대학교 식품영양학과 교수)

① 이성우 지음, <한국요리문화사>,
교문사, 1985.

한국의 찜 요리법은 매우 세분화되어
있는데, 이를 통해 한민족이 얼마나
다양한 조리법을 구사했는지 감탄하게
된다. 여러 찜 요리법 가운데 시루에서
수증기로 찌는 것이 가장 대표적이다.

인류의 요리법 가운데 대표적인 것이 불을 이용해 익히는 조리법이다. 인류는
불을 사용함으로써 역사를 바꾸고 문화를 창조했다. 그런데 불을 이용하는 요
리법은 동서양에 차이가 있다. 서양에서는 굽는 조리법이 발달한 반면 동아시
아, 특히 한반도에서는 불을 좀 더 다양하게 사용해 조리했다. 특히 찌는 방식
이 발달했는데, 이는 매우 섬세한 조리법이라고 할 수 있다. 찜이라고 하면 많
은 이가 수증기를 이용해 찌는 것을 먼저 생각한다. 수증기로 재료를 익히면 재
료 자체의 맛과 향기를 고스란히 지키면서 재료에 고루 열을 가할 수 있다. 대
개 시루를 이용해 찐다. 조선 시대 조리서들을 살펴보면 시루에서 수증기로 찐
음식만 찜으로 지칭하지는 않는다. 그만큼 다양한 찜 요리법이 존재했다는 의
미다. 조선 말기 실학자 서유구(1764~1845)는 <임원십육지林園十六志> '정조
지'에서 수증기 찜은 '증蒸'으로 표시하고, 삶기 찜·중탕 찜·압력솥 찜의 경우는
'증烝'이라고 표기했다. 그는 이 두 가지 찜 요리법을 의식적으로 구분할 만큼
조리법에 능통했던 것으로 보인다.

　　이와 같이 한국의 찜 요리법은 매우 세분화되어 있었는데, 이를 통해서
한민족이 얼마나 다양한 조리법을 구사했는지 알 수 있다. 이를 자세히 살펴보
면 다음과 같다. 시루형 수증기 찜, 압력솥형 수증기 찜, 밥솥 찜(알찜), 자증煮
蒸식 삶기 찜, 중탕식 삶기 찜, 증류형 삶기 찜, 습지濕紙식 삶기 찜, 중탕형 건열
찜, 증류형 건열 찜, 냄비형 건열 찜, 숯불 구덩이형 건열 찜, 잿 속 묻기형 건열
찜 등으로 세분화되어 있다.①

　　이뿐만이 아니다. 조선 시대 왕실 의궤에 소개된 연회 음식에도 다양한
찜 요리가 나온다. 예를 들어 1795년의 <원행을묘정리의궤>에는 붕어를 찐 부
어증鮒魚蒸과 숭어를 찐 수어증秀魚蒸을 비롯해 닭을 조리한 연계증軟鷄蒸, 생
전복으로 요리한 생복증生鰒蒸, 꿩고기와 쇠고기로 만든 봉충증鳳充蒸, 숭어
를 장으로 찐 수어장증秀魚醬蒸 등이 나온다. 또 전복으로 만든 전복증全鰒蒸,
쇠고기 골로 조리한 골증骨蒸, 돼지고기와 여러 재료로 요리한 연저잡증軟猪
雜蒸, 꿩으로 조리한 전치증全雉蒸, 익힌 전복을 찐 숙복증熟鰒蒸 등이 있으며,

② 족발은 소나 돼지의 다리를 양념한
국물에 푹 삶은 음식이다. 현대에 와서는
우족으로 만든 족발보다 돼지 족발이
좀 더 대중화되었다.
③ 석이버섯을 끓는 물에 데쳐 기름에
볶고 양념한 후 잣가루를 뿌린 음식.

찜 요리법 중에서 '삶기 찜'으로 만드는
족편. 우족을 오랜 시간 푹 삶아
파, 생강, 잣, 후춧가루, 깨 등을 섞은 후
다시 고아 응고시킨 전통음식이다.

이 밖에도 황육증黃肉蒸(쇠고기찜), 저육증猪肉蒸(돼지고기찜), 저포증猪胞蒸(새끼돼지찜), 생치증生雉蒸(꿩찜), 곤자손증昆者巽蒸(쇠창자찜), 구증狗蒸(개찜), 갈비증罗飛蒸(갈비찜) 등이 있다. 여기에 갈비와 꿩을 비롯해 다양한 재료를 넣은 각색증各色蒸이라는 찜 요리도 나온다. 이를 통해 얼마나 다양한 찜 요리가 있었는지 짐작해볼 수 있다.

우족의 화려한 변신, 족편

찜 조리법 중에서도 '삶기 찜'이라는 것이 있다. 삶기 찜은 재료에 물을 붓고 장시간 삶아내는 것으로, 삶기와 찌기를 모두 행하는 조리법이라고 생각하면 된다. 한국에서는 고기 등을 삶을 때 많이 쓴다. 한국 음식이 건강에 좋은 이유 중 하나는 기름에 튀기거나 굽기보다 삶는 조리법을 많이 활용하는 데 있다. 조선 시대 각종 조리서에는 고기를 부드럽게 삶거나, 약간 상한 경우 그 맛을 제거하기 위해 볏짚, 닥나무, 살구씨 등을 넣는 조리법이 소개되어 있다. 그런 요리 중 하나로 냄새나는 우족을 푹 삶아 만든 족편이 있다.

우족을 이용해서 만든 음식 중 요즘 한국인에게 가장 많이 알려진 것이 족발②이다. 족발은 맛은 있지만 모양새에 사람마다 호불호가 나뉜다. 족발처럼 우족으로 만들면서도 보기에 아름다운 음식이 있으니 그것이 바로 족편이다.

이 음식은 조선 시대 조리서에도 많이 나오는데 주로 "쇠족을 장시간 고아서 파, 생강, 잣, 후춧가루, 깨 등을 섞어 다시 곤 후 식힌 것"으로 언급된다. 현재의 조리법과 크게 다르지 않다. 이 같은 조리법을 기본으로 달걀지단의 황색과 흰색, 석이채③의 흑색, 실고추의 적색, 파의 청색 같은 오방색이 어우러져 오색찬란한 색채를 띤다. 족편의 압권은 역시 젤라틴의 야들야들한 맛이라고 할 수 있다. 이 야들야들한 식감은 서양 사람들도 좋아하는 맛이다.

세심한 요리의 세계, 선

쪄서 만드는 요리 중에 '선膳'이라는 아름다운 음식이 있다. 선 요리에는 채소가 주재료인 것도 있고, 생선이 주재료인 것도 있다. 오이선은 오이를, 호박선은 호박을 주재료로 만든 것인데, 모두 오이소박이처럼 소를 넣고 찜으로 쪄

낸다. 삶지 않고 찌기 때문에 오이나 호박의 초록색이 그대로 살아 있고, 싱그러운 풍미와 향을 지닌다. 고명으로 쇠고기와 버섯류, 황백의 달걀지단을 올리고 그 위에 잣이라도 뿌리면 그야말로 오방색이 어우러진 아름답고 화려한 음식이 완성된다. 무엇보다 오이와 호박의 사각사각한 식감에 소량의 고기류와 버섯 그리고 달걀맛이 어우러져 그 풍미가 비길 데 없이 싱싱하고 상큼하다. 생선을 넣은 어선은 생선살을 넓게 저며 소를 놓고 김밥 만들듯 말아서 수증기 찜을 한 음식으로 신선한 맛이 일품이다.

슬로푸드로서의 찜 요리

찜 요리는 시간, 즉 기다림을 필요로 한다. 이 기다림의 음식은 느림을 추구하는 세계적 슬로푸드slow food 운동과 연결된다. 슬로푸드는 말 그대로 패스트푸드fast food에 반대되는 개념으로 재료부터 음식을 만드는 과정까지 모든 것이 천천히 자연스럽게 이루어지는 음식을 말한다. 슬로푸드 운동은 1986년 미국의 세계적 햄버거 체인 맥도날드 1호점이 로마에 생긴 것에 반대해 음식 칼럼니스트 카를로스 페트리니와 그의 친구들이 슬로푸드 먹기 활동을 시작한 것이 그 시초다. 패스트푸드에 반대하며 전통적 식생활로 회귀를 꾀하는 운동이라 할 수 있다.

한국에서도 패스트푸드와 인스턴트식품 소비가 급증하고 식품의 안전성 문제가 심각한 사회문제로 대두되면서 사회 일각에서 '느림의 문화 운동', 즉 슬로푸드에 대한 관심이 높아지고 있다. 이런 슬로푸드의 정신을 가장 잘 구현하는 조리법이 바로 찌는 것이다. 튀기고 굽는 식의 빠른 조리법과 달리 찌는 방식은 조리 시간이 길다. 기다림의 시간은 식품 종류에 따라 짧게는 수 시간, 길게는 며칠에 이르기까지 다양하다. 찌는 과정을 통해 완성하는 음식은 재료 본연의 맛을 그대로 담고 있다고 할 수 있다. 기다림의 시간이 길어질수록 이제까지 맛보지 못하던 향과 맛을 내뿜고, 건강에도 유익한 음식이 탄생한다. 한식 조리법의 대명사와 같은 찜 요리는 인문학적으로 '기다림의 가치'를 지닌다. 이러한 점에서 전통 한식의 찌는 요리법은 전통 식생활을 통한 정신 회복 운동으로까지 의미가 확대된다.

떡의 인문학

글 · 차경희(전주대학교 한식조리학과 교수)

떡 만들기는 대부분 멥쌀이나
찹쌀을 가루 내서 체에 치는 것부터
시작한다. 체 친 쌀가루에
물을 뿌려 고루 비빈 다음 다시 체에 내려
김이 오른 시루에 안쳐 찐다.

왔더니 가래떡

올려놓고 웃기떡

정들라 두텁떡

수절 과부 정절떡

색시 속살 백설기

오이 서리 기자떡

주눅 드나 오그랑떡

초승달이 달떡이지

-'떡타령' 중

한민족이 주식으로 삼은 곡식, 곧 쌀과 보리는 신석기시대에 한반도로 들어왔다. 그 후 쌀은 죽→떡→밥 순서로 발달하며 한민족의 밥상에 올랐다. 신석기시대에는 채집과 원시적 농경으로 수확한 곡물을 넓고 편편한 갈판에 올려놓고 기다란 갈돌로 밀어 가루로 만들었다. 주로 조, 기장, 수수, 콩 등이었다. 이 곡물 가루를 토기에 넣고 물을 부어 끓이면 죽이 되었다. 청동기시대에는 토기 빚는 기술이 발달하면서 내열성 높은 토제 솥과 시루를 제작했다. 물을 뿌린 곡물 가루를 이 시루에 넣고 찌니 떡이 되었다. 떡은 손으로 떼어 먹을 수도 있고, 휴대하기도 간편해 죽보다 먹기 편리한 음식이었다. 한반도 전역에서 삼국시대 유물로 솥과 시루가 발견된 것을 보면 이때 떡 문화가 보편화되었음을 알 수 있다. 철기시대에는 농경을 통해 곡물 수확량이 증가했고, 갈돌과 갈판이 절구와 맷돌을 거쳐 디딜방아로 진화했다. 곡물에서 껍질만 벗기는 일, 즉 쌀에서 겨층만 분리하는 도정 기술이 시작된 것이다. 또 청동이나 쇠로 만든 솥을 조리 도구로 사용하게 되면서 비로소 쌀로 밥을 지을 수 있었다. 마침내 곡물을 분식 대신 입식粒食(낱알)으로 소비하게 된 것이다. 그러니 밥의 입장에서 보면 떡은 엄마, 죽은 할머니 격이다. 밥을 주식으로 삼게 되자 떡은 특별한 날 먹는 별식으로 자리 잡았다.

떡은 시루에 찐다. 바닥에 구멍이 여러
개 뚫린 시루를 솥 위에 올리는데, 솥에
담긴 물이 끓으면 그 증기가 전달돼 시루
안 떡이 익는다. 시루는 솥 크기에 딱
맞추어야 김이 빠져나가지 않아 떡이 푹
익는다. 김이 새지 않게 솥과 시루 사이의
틈을 밀가루 반죽으로 메우는데, 이를
시룻번이라고 한다.

언제부터 떡을 즐겨 먹었나

<삼국사기三國史記> '신라본기'에 남해왕의 보위를 이를 왕을 결정하는 장면이 나온다. 유리①와 탈해②는 서로 왕위를 양보하다가 어질고 지혜로운 사람은 이(齒)가 많으니 떡을 물어 잇자국이 많은 자가 왕이 되기로 했고, 결국 유리가 왕위에 오른다는 이야기다. 떡을 물어 잇자국이 선명히 찍히는 떡은 절편처럼 절구로 여러 번 쳐서 쫄깃하고 매끈하게 만든 떡일 것이다. 이것으로 삼국시대에 이미 찐 떡뿐 아니라 친 떡③이 발달했음을 짐작할 수 있다. 또 신라 자비왕 때는 살림이 몹시 가난해 섣달그믐에도 떡을 하지 못하자 슬퍼하는 아내를 위해 거문고로 떡방아 소리를 냈다는 백결 선생의 일화가 전해진다. 한 해를 보내고 새해를 맞는 날에 떡을 해 먹는 풍습이 있었던 것이다.

고려 시대에는 이웃 나라에까지 떡 솜씨가 전해졌다. 16세기 원나라의 조리서 <거가필용居家必用>에는 고려율고高麗栗餻라는 떡에 대해서 나오는데, "찹쌀가루에 밤을 섞고 꿀물에 내린 후 시루에 찐 떡"이라 소개했다. 고려율고는 중국에까지 전해진 것은 물론 조선 시대까지도 즐겨 먹었다. 조선 시대에는 성리학이 사회 이념이 되면서 떡은 의례 음식, 명절 음식, 크고 작은 잔치에 빠져서는 안 되는 음식으로 발달했다. "이게 웬 떡이냐" "그림의 떡" "떡방아 소리 듣고 김칫국 찾는다" "미운 놈 떡 하나 더 준다" 같은 속담이나 관용어처럼 떡은 한민족에게 매우 친숙한 음식으로 자리 잡았다.

최상위 습열 조리법, 떡 찌기

떡은 시루에 찐다. 요즘은 대나무로 만든 가벼운 찜기를 사용하지만, 옛날에는 흙으로 빚은 옹기나 유기 시루에 쪘다. 시루는 바닥에 구멍이 여러 개 뚫려 있다. 솥 위에 시루를 올리는데, 솥에 담긴 물이 끓으면 그 증기가 전달되어 시루 안 음식물이 익었다. 액체 상태의 물은 100℃가 되면 많은 열에너지를 가진 기체가 된다. 삶고, 데치고, 끓이는 것처럼 떡 찌기 또한 물을 이용한 습열 조리지만, 가장 높은 온도의 열에너지가 전달되는 최상위 습열 조리라는 게 다르다. 단, 시루가 솥 크기에 딱 맞아야 김이 빠져나가지 않아 떡이 설익지 않고 푹 익는다. 그래서 밀가루를 반죽해 솥과 시루 사이의 틈을 메우기도 했다. 이것을 시룻번이라 한다.

솥이나 냄비에서 펄펄 끓는 물을 이용하는 삶기나 끓이기는 음식물의 모

④ 멥쌀을 달 모양으로 동그랗게 빚은 뒤 떡살로 찍어 만든다. 주로 혼례상이나 회갑연 상에 올렸다.
⑤ 혼인 증빙 문서로 신랑 집에서 예단을 갖춰 신부 집으로 보내는 서간.
⑥ 혼인을 치를 때 신랑 집에서 신부 집으로 미리 보내는 푸른색과 붉은색 비단.

양을 유지하기가 어렵다. 하지만 시루를 이용한 찌기는 예외다. 뜨거운 증기에 의해 열만 받으니 가열 전 시루나 찜기에 올려놓은 형태 그대로 음식이 완성된다. 그러니 떡은 시루에 안칠 때부터 완성된 모습을 생각하며 놓아야 한다. 멥쌀가루나 찹쌀가루만으로도 만들지만 팥이나 녹두로 만든 고물을 뿌려 켜를 분리할 수도 있다. 또 대추·밤·감 등 과실류나, 호박·쑥·상추·무 등 채소류를 넣어 색과 모양을 다채롭게 하기도 한다. 쌀가루가 도화지라면 부재료는 물감이 되어 떡을 아름답게 만든다. 그뿐 아니라 뜨거운 증기에 곡물과 함께 푹익은 부재료는 쌀의 밍밍한 맛에 다양한 맛을 제공해 먹는 재미를 더한다.

떡, 한국인의 1년과 일생을 함께하다

떡은 보기 좋고 먹기만 좋은 것이 아니다. 한국인의 생활 속에 떡은 특별한 의미를 지니고 있다. "떡 본 김에 제사 지낸다"라는 말처럼 떡은 출생에서 죽음에 이르기까지 한국인의 일생 매 순간을 함께했다. 아이가 태어난 지 21일째인 삼칠일에는 백설기를 만들어 아이의 건강을 기원했다. 백일이나 돌에는 백설기, 수수경단, 오색 송편 등을 만들어 이웃에 돌렸다. 한국의 선조들은 백일에는 떡을 100가구와 나누어 먹어야 아이의 수명이 길어진다고 믿었다. 소를 가득 채운 오색 송편은 학문에 정진해 우주 만물처럼 조화로운 사람이 되라는 뜻을 담고 있다. 수수경단은 붉은 팥고물을 묻혀서 만든다. 수수와 팥의 붉은색이 부정한 기운을 막아준다고 여겼기 때문이다. 또 수수경단을 아이가 열 살이 될 때까지 생일마다 할머니가 만들어주면 무병장수한다고 했다.

아이가 글공부를 시작해서 서당에 다니면 책을 한 권씩 뗄 때마다 책례冊禮를 했다. 일명 책거리다. 그 책을 다 공부한 것을 축하하며 더욱 정진하라는 의미로 소를 꽉 채운 오색 송편과 소를 넣지 않은 송편을 만들었다. 소가 가득 찬 송편은 학문적 성장을 뜻하며, 소가 없는 송편은 어질고 넓은 마음을 가진 사람이 되라는 의미를 담고 있다.

혼례婚禮 때는 봉채떡, 달떡④, 색떡을 준비했다. 봉치떡이라고도 하는 봉채떡은 신랑 집에서 보낸 혼서⑤와 채단⑥이 담긴 함을 받기 위해 신부 집에서 만드는 떡으로, 시루에 찹쌀 세 되와 붉은팥 한 되로 딱 두 켜를 찌는 찰시루떡이다. 떡 위에 대추 7개를 둥글게 박아두었다가 함이 들어올 시간에 맞춰 쪄서 함이 도착하면 시루 위에 올려 맞이했다. 떡을 두 켜로 하는 것은 부부를 뜻하고,

⑦ 한국 전통 혼례에서 신랑과 신부가
술잔을 건네는 식을 올릴 때 차리는 상.

혼례 때 신부 집에서 준비하는 봉채떡.
두 켜를 찌는 찰시루떡인데, 두 켜의 떡은
부부를 의미한다. 찹쌀로만 만드는 것은
찰떡 같은 부부 금실을 기원하는 것.
떡 위에는 아들 7형제를 상징하는 대추
7개를 둥글게 박아 넣는다.
봉채떡 제작·노영옥
(무궁화식품연구소장)

찰떡궁합이라는 말처럼 부부 금실이 좋기를 바라는 마음에 찹쌀로만 만든다.
팥고물의 붉은색은 나쁜 액을 물리친다는 의미다. 대추는 자손을 의미해 아들
7형제를 상징한다. 혼례 당일 차리는 교배상⑦에는 달떡과 색떡을 놓았다. 달
떡은 둥글게 빚은 흰 절편을 21개씩 두 그릇에 담아 올렸다. 보름달처럼 세상을
밝게 비추고, 둥글둥글하게 살라는 기원이 담겨 있다. 색떡은 암수 한 쌍의 닭
모양으로 만드는데, 결혼하는 부부를 의미해 수탉은 동쪽에, 암탉은 서쪽에 각
각 놓았다. 혼례 시 신부 집에서 인절미와 절편을 준비해 광주리에 담고 보자기
로 잘 싸서 사돈댁에 이바지 음식으로 보냈다.

나이 예순한 살이 되는 생일을 회갑回甲이라 한다. 100세 시대인 요즘은
예순 살도 젊지만, 옛날에는 부모가 회갑을 맞으면 자손들이 크게 잔치를 열고
장수를 축하했다. 축하연에는 백편, 꿀편, 승검초편으로 각색편을 만들어 네
모난 편틀에 높이 담았다. 각색편 위에는 화전이나 주악, 단자 등 웃기떡을 얹
어 아름답게 장식했고, 잔치가 끝나면 나누어 먹었다.

돌아가신 분을 기리는 제례에도 떡은 중요한 제물이었다. 꿀편, 녹두고
물편, 거피팥고물편, 흑임자고물편 등 편을 만들어 제기에 담았다. 제사에는
붉은 고물이나 붉은색이 나는 떡은 만들지 않았다. 제사를 마치면 떡을 비롯한
제수는 자손들이 나누어 먹었다. 제수를 나누면 신령과 인간이 같은 음식을 먹
어 인간이 복을 받는다고 믿었는데, 이 같은 행위를 음복飮福이라 한다.

한국의 선조들은 계절마다 재료를 달리해 떡을 만들었다. 명절은 떡을
빚고 치는 소리로 시작한다고 할 만큼 각 절기마다 빠지지 않는 음
식이 떡이었고, 절기마다 지역마다 떡타령까지 있을 정도로
즐겼다.

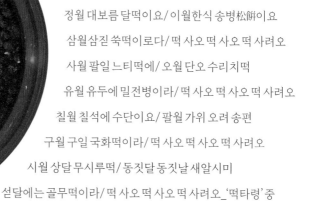

정월 대보름 달떡이요/ 이월한식 송병松餠이요
삼월삼짇 쑥떡이로다/ 떡 사오 떡 사오 떡 사려오
사월 팔일 느티떡에/ 오월 단오 수리치떡
유월 유두에 밀전병이라/ 떡 사오 떡 사오 떡 사려오
칠월 칠석에 수단이요/ 팔월 가위 오려 송편
구월 구일 국화떡이라/ 떡 사오 떡 사오 떡 사려오
시월 상달 무시루떡/ 동짓달 동짓날 새알시미
섣달에는 골무떡이라/ 떡 사오 떡 사오 떡 사려오_'떡타령'중

133

정월 초하룻날에는 흰쌀로 빚은 가래떡으로 떡국을 끓였다. 떡국을 먹어야 비로소 제대로 나이를 먹는다고 하여 첨세병添歲餠이라고도 했다. 그래서 한국에서 "지금까지 떡국 몇 그릇 먹었냐"는 나이를 묻는 말로 쓰인다. 떡국의 흰색은 새해를 시작하는 천지 만물의 신생을 의미한다. 또 떡을 길게 가래로 뽑아 동글동글한 엽전 모양으로 써는 것은 부자가 되라는 축원의 의미가 깃들어 있다. 정월 대보름에는 찹쌀, 밤, 대추, 꿀, 참기름, 간장 등을 넣어 푹 찐 약밥을 만들었다. 신라 시대 소지왕의 목숨을 구해준 까마귀에 대한 고마움을 나타낸 풍속으로 전해진다.

2월 초하루 머슴날에는 커다란 송편을 만들어 일꾼들에게 주었다. 한 해 농사의 시작을 격려하는 의미다. 3월 삼짇날에는 들과 산에 핀 진달래꽃으로 화전을 만들어 먹으며 새봄을 맞이했다. 4월 초파일에는 어린 느티나뭇잎을 쌀가루와 섞어 느티떡을 찌면 보드랍고 향기로웠다. 5월 단오에는 새로 돋아난 쑥과 수리취로 절편을 만들었다. 절편은 차륜병車輪餠이라 하여 수레바퀴 문양의 떡살로 찍어 만들었는데, 수레바퀴처럼 앞으로의 인생이 술술 잘 돌아가기를 기원하는 뜻이 담겨 있다.

6월 보름에는 상화병이나 밀전병, 흰떡에 꿀물을 띄운 떡수단을 만들어 나누어 먹으며 풍년을 기원했다. 7월 무더운 삼복에는 쌀가루에 술을 넣고 반죽해 발효시켜 찐 증편을 만들어 먹었다. 증편은 더운 여름에 쉽게 상하지 않고 입맛을 돋우는 떡이다. 8월 추석에는 햅쌀로 송편을 빚어 조상께 성묘하고 차례를 지냈다. 햇콩이나 깨, 밤으로 소를 만들어 빚는데, 모양이 예쁘면 예쁜 딸을 낳는다고 여겼다. 9월 중구⑧에는 노란 국화로 화전을 만들었고, 10월 상달⑨에는 집집마다 팥시루떡을 만들어 성주신에게 올려 집안의 평안을 빌었다. 11월 동짓날에는 팥죽을 쑤었는데, 새알심을 나이 수대로 넣었다. 잡귀는 붉은색을 두려워하므로, 붉은팥이 나쁜 기운을 물리쳐 새해에는 좋은 일만 있기를 바라는 염원을 담았다. 섣달그믐에는 시루떡과 흰떡을 만들었다.

찐 떡, 친 떡, 삶은 떡, 지진 떡… 많고 많은 떡

떡은 만드는 방법에 따라 찐 떡, 친 떡, 삶은 떡, 지진 떡으로 나눈다. 찐 떡은 시루에 쪄서 만든 것으로, 설기떡·무리떡·백편·두텁떡·증편·송편 등이 있다. 친 떡은 멥쌀이나 찹쌀로 밥을 짓거나 가루를 내어 찐 뒤 다시 안반⑩이나 절구에

⑩ 반죽을 하거나 떡을 칠 때 사용하는
두껍고 넓은 나무판.

· 참고 문헌
정대성 지음, 김경자 옮김,
<우리음식문화의 지혜>, 역사비평사,
1988.
임동원 지음, <속담사전>, 민속원, 2002
조후종 지음, <세시풍속과 우리음식>,
한림출판사, 2002.
국사편찬위원회 편저, <쌀은 우리에게
무엇이었나>, 동아출판, 2009.
김권제 지음, <음식의 재발견 벗겨봐>,
모아북스, 2012.
동아일보 한식문화연구팀 지음,
<우리는 왜 비벼먹고 쌈 싸먹고
말아먹는가>, 동아일보사, 2012.

넣고 떡메를 쳐서 만든 떡이다. 멥쌀로 만드는 절편·개피떡·흰떡이 있고, 찹쌀로 하는 인절미가 있다. 삶은 떡은 멥쌀이나 찹쌀가루를 익반죽해 둥글게 빚어 끓는 물에 삶아 건져 고물을 묻힌 떡으로, 경단과 단자가 있다. 지진 떡은 찹쌀가루를 익반죽해 모양을 빚은 후 기름에 지져서 만드는 떡이다. 화전·주악·부꾸미 등이 있으며, 잔치 때 떡을 쌓아 올린 다음 맨 위에 얹어 멋을 내는 웃기떡으로 쓴다.

떡은 정성이 많이 들어가는 음식이다. 특히 친 떡을 만들기 위해서는 노동력이 많이 들어 공동체의 협력이 필요하다. 멥쌀이든 찹쌀이든 푹 김이 올라 잘 익은 떡을 절구나 안반에 놓고 떡메를 번쩍 들어 힘껏 내리쳐야 부드럽고 차진 떡을 만들 수 있기 때문이다. 그러므로 떡을 만들 때는 집안이나 마을 남자들의 협조가 필요했다. 인절미나 절편을 만들 때는 안반을 중심으로 남자들이 양쪽에서 리듬에 맞춰 떡메를 치고, 여자들은 안반 옆에서 떡에 소금물을 발라가며 안으로 모아 떡이 고루 쳐지도록 협동 작업을 해야 했다. 찰떡이 고루 쳐졌을 때 먹기 좋은 크기로 잘라 콩고물이나 팥고물, 곱게 채 썬 대추나 밤을 고루 묻히면 인절미가 된다. 멥쌀가루를 찐 후 흠씬 쳐서 만든 흰떡은 만드는 모양에 따라 절편, 가래떡, 골무떡, 꼬리떡이라 한다. 이 중 절편은 매끈한 흰떡에 떡살로 문양을 새긴 떡이다. 떡살을 이용해 문양을 새기면 대량으로 만들기 쉽고, 보기에도 아름답다. 하지만 무엇보다 일상생활과 특별한 의례 때 소망하는 바를 문양으로 표현하는 생활의 미학이 담겨 있다.

이처럼 떡은 한민족의 오랜 식문화 속에서 탄생하고 변화, 발전한 음식이다. 쌀을 비롯한 곡물을 주재료로 계절마다, 지역마다 생산되는 다양한 부재료를 혼합해 만든 독창적인 음식이다. 그래서 지극히 자연 친화적이고 과학적인 음식이기도 하다. 때론 일상생활 속에서 끼니를 대신하기도 하고, 특별한 날에는 축하의 기쁨을, 또 어떤 날에는 애도의 슬픔을, 혹은 누군가의 간절한 소망을 표현하는 음식이 떡이다.

꽃처럼 아름다운 궁중 떡

글 · 정길자(궁중병과연구원장)

① 진연은 나라에 행사가 있을 때, 진찬은 왕족에게 경사가 생겼을 때 베푸는 잔치를 말한다. 진연이 진찬보다 규모가 크고 의식도 장엄하다. 다만 연회 음식은 내용이 크게 다르지 않다. 현전하는 궁중 의례 중 수작이라는 용어를 사용한 유일한 잔치가 '영조 41년(1765) 을유년 수작'이다.
② 음식을 차곡차곡 쌓아 올린 것.
③ 60세를 바라본다는 의미로 51세를 이르는 말.
④ 고인의 회갑.
⑤ 수라 전후 또는 사이에 차려 올린 간식상.

궁중의 잔치 떡은 각색병이라 하여 여러 가지 메떡과 찰떡을 고인 후 웃기떡을 얹었다. 떡의 고임 높이는 연회 때마다 다른데 보통 1자 5치(약 45cm)였고, 높게는 2자 2치(약 66cm)를 고이기도 했다. 떡에는 상화를 꽂아 아름다움을 표현하였다.
궁중 떡 제작·정길자(궁중병과연구원장)
상화 제작·이순재

한국의 궁중 떡에 대해 알고 싶으면 의궤 기록을 살펴보면 된다. 의궤는 의식과 궤범을 합한 말로, 의식의 모범이 되는 기록이란 뜻이다. 조선 시대에 국가나 왕실에서 대규모 행사를 거행할 때 그 경과나 결과 등을 후세가 참고할 수 있도록 기록으로 남긴 것인데, 표기는 한문으로 되어 있다. 음식과 관련한 기록은 당연히 잔치에 관한 의궤(<진연의궤> <진찬의궤> <수작의궤> <진작의궤>①)를 살펴보아야 한다. ➦ 1권 '왕과 왕후가 즐긴 최고의 밥상, 궁중 음식' 65쪽

잔치에 관한 의궤에는 상에 올리는 찬품의 이름, 상과 그릇 종류, 고임②의 높이, 음식 재료명과 분량은 나와 있으나 조리법은 적혀 있지 않다. 조리법은 같은 시대의 옛 음식 책을 통해 알 수 있다. 기록에 있는 대부분의 음식은 조선 왕조궁중음식 제1대 기능보유자(인간문화재)이며 조선조 마지막 주방 상궁으로 고종·순종·윤비를 모신 한희순 상궁, 제2대 황혜성, 제3대 정길자와 한복려로 정통성이 이어지며 전수되고 있다.

잔치에 관한 의궤는 인조 때 인목대비의 장수를 기원하는 <풍정도감의궤>(1630)부터 대한제국 광무 6년(1902), 고종의 망육순望六旬③과 즉위 40년을 축하하는 잔치 기록인 <진연의궤>까지 20여 권이 남아 있다. 이 중에서 <원행을묘정리의궤>를 통해 조선의 궁중 떡을 살펴보려고 한다. ➦ 1권 '왕과 왕후가 즐긴 최고의 밥상, 궁중 음식' 65쪽

<원행을묘정리의궤>는 조선 제22대 왕 정조 19년(1795)에 사도세자와 혜경궁홍씨의 회갑, 정조 즉위 20년 등 경사가 겹치는 해를 맞이해 정조가 어머니 혜경궁홍씨, 아버지 사도세자의 적녀인 청연군주·청선군주와 함께 화성에 있는 사도세자의 묘(현륭원)를 원행했을 때의 절차를 기록한 의궤다. 정조의 현륭원 방문은 각별한 뜻을 지니고 있다. 아버지 사도세자의 사갑死甲④을 맞아 현륭원을 참배한 후 어머니 혜경궁홍씨의 회갑연을 화성행궁 봉수당에서 8일간 치르는 일정이었다. <원행을묘정리의궤> 권4의 '찬품조'에는 8일간의 식단이 자세히 기록되어 있다. 여러 음식 중 떡은 잔칫상에는 물론이고 반과상飯果床⑤인 다소반(다소반과)마다 빠짐없이 올렸다. 진찬 때 70그릇의 음식을 올

렸는데 떡에 관한 기록이 제일 앞에 나와 있다. 혜경궁홍씨 상에 올린 떡은 자기 그릇 하나에 아홉 가지 떡을 1자 5치(약 45cm)로 고여 담았으며, 종류는 다음과 같이 시루떡 다섯 가지와 친 떡 두 가지, 지진 떡 두 가지다.

백 미 병 … 멥쌀가루에 찹쌀가루를 4 : 1 비율로 섞은 후 검은콩·밤·대추를 섞어 고물 없이 찐 시루떡.

점 미 병 … 찹쌀가루에 밤·대추·곶감을 섞어 녹두 고물을 뿌려 찐 시루떡.

삭 병 … 찹쌀가루에 검은콩·밤·대추·꿀·계핏가루를 섞어 찐 떡.

밀 설 기 … 멥쌀가루와 찹쌀가루에 대추·밤·꿀·곶감·잣을 섞어 찐 시루떡.

석 이 병 … 멥쌀가루에 찹쌀가루와 석이 가루를 섞고 대추·밤·곶감채를 고명으로 얹어 찐 후 잣가루를 뿌린 떡.

각 색 절 병 … 멥쌀가루를 찐 백설기에 연지로 붉은색, 치자로 노란색, 쑥과 감태로 푸른색을 내서 각각 떡살로 박아낸 절편.

각 색 주 악 … 찹쌀가루를 익반죽할 때 송기·치자·쑥·감태 등으로 색을 낸 후 삶은 밤·검은콩·깨 같은 소를 넣고 빚어 참기름에 지지고 꿀을 발라 잣가루나 잣을 붙인 웃기떡.

각 색 사 증 병 … 산삼·산승이라고도 한다. 흰색 찹쌀가루 반죽과 승검초 가루를 섞은 녹색 찹쌀가루 반죽을 빚어 참기름에 지진 뒤 꿀을 바르고 잣가루를 뿌린 웃기떡.

각 색 단 자 병 … 찹쌀가루에 석이 가루와 다진 대추, 쑥을 섞어 쪄서 많이 친 후 잘라 꿀을 바르고 삶은 밤 가루·잣가루·대추채·밤채 등을 고물로 묻힌 웃기떡.

의궤의 기록을 살펴보면 떡 종류가 아주 다양하고 구중궁궐에서 왕족만 즐겨 먹던 것이 아니라 온 백성이 같이 먹었음을 알 수 있다. 떡은 꽃처럼 계절에 따라 다르고, 그 모양과 색이 각양각색이며, 메지고 차지고 부드럽기도 하고 쫄깃하기도 하는 등 식감도 다채롭다. 떡에는 상화床花®를 꽂아서 멋과 아름다움을 표현했는데, 그 정성스러움도 궁중 떡이 지닌 문화적 가치라고 말할 수 있다. 또 꽃에 꽃말이 있듯이 한국의 떡 중에는 특별한 의미를 지니는 떡이 있다. 순수 무구한 삶을 살길 기원하는 백설기, 잡귀의 범접을 막고자 하는 붉은팥고물떡, 한 점 모자람 없이 꽉 채운 삶을 바라는 달떡, 기쁨을 표현하는 색떡, 장수를 기원하는 가래떡 등 그 예가 많다.

요즘 떡집의 대표 떡

약식

찹쌀을 찐 다음 밤, 대추, 잣,
꿀, 간장, 흑설탕, 참기름
등을 넣고 고루 섞어 다시
한번 찐 음식. 정월 대보름에
먹는 절식으로, 약밥이나
약반이라고도 한다.

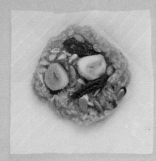

바람떡

팥, 녹두, 깨 등으로
만든 소를 넣고
반달 모양으로 빚은
개피떡이다.
한입 베어 물면 떡 안의
바람이 휙 빠져나와
바람떡이라 부른다.

증편

쌀가루에 막걸리를 넣어
발효시켜 만드는 떡으로
기주떡 또는 술떡이라고도
한다. 더운 날에도 쉬이 상하지
않고, 시큼하게 발효된 맛이
독특하며 소화도 잘된다.

찰버무리

찹쌀가루에 콩, 팥,
밤, 호박고지 등의
재료를 섞어 찐 떡.
쫀득한 식감이
좋고 영양도
풍부하다.

송편

멥쌀가루를 익반죽해서 소를 넣고 빚어
찐 떡. 솔잎으로 찐 떡(松餠)이라는
의미를 담고 있다. 추석에 먹는
절식으로 콩이나 팥, 깨, 밤 등을 소로
넣는다.

인절미

찹쌀밥을 떡메로 친 다음 먹기 좋은
크기로 썰어 콩, 팥, 녹두 등으로 만든
고물을 묻힌 떡. 쫄깃한 떡의
대명사로 차진 떡을 '잡아당겨
끊는다'는 의미를 담고 있다.

경단

떡 모양이 구슬 같다고 해서 붙은
이름. 찹쌀가루를 반죽해 밤톨만 한
크기로 동글동글하게 빚어
끓는 물에 삶아 만든다. 콩, 팥, 녹두,
참깨, 대추, 석이버섯, 송홧가루
등으로 만든 고물을 묻힌다.

호박고지떡

멥쌀가루에 호박고지를 섞어 찐 떡으로
호박떡이라고도 한다. 차진 맛을 내기 위해
찹쌀가루를 섞기도 한다.

절편

멥쌀가루를 푹 쪄서 친 떡을 늘이고 자른 다음
떡살로 눌러 모양을 낸다. 수리취나 쑥을 섞고
수레바퀴 모양을 찍은 수리취떡은 단오 절식이다.

꿀떡

멥쌀가루를 푹 찐 다음 치고
얇게 밀어서 꿀이나 설탕을
소로 넣고 동글게 빚은 떡.
한입에 쏙 들어가는 크기와
씹었을 때 새어나오는
단맛이 특징이다.

단호박찰떡

찹쌀가루에 단호박과
여러 가지 견과류를
섞어 찐 떡. 샛노란색과
쫀득하고 달콤한 맛이
특징이다.

쑥굴리

쌀가루에 쑥을 넣어 찐 떡.
애경단, 쑥굴레, 쑥구리,
쑥굴리단자라고도 한다.
팥소를 떡 속에 넣기도 하고
고물로 붙이기도 한다.

팥시루떡

시루에 팥고물과 멥쌀가루를
켜켜이 쌓아 찐 떡. 붉은팥이 액을
막아준다고 믿어 고사 지낼 때나
이사했을 때 나누어 먹는다.

삶을 새긴 떡살

글 · 정연학(국립민속박물관 학예연구관)

절편에 도장처럼 눌러 박아 무늬를 찍는 떡살. 떡살의 다양한 무늬는 저마다 다른 의미를 지닌다. 사진의 떡살은 떡살 장인 김규석의 작품.

떡을 만들 때 문양을 내는 도구를 '떡살'이라고 하는데, 이는 말 그대로 '떡에 살을 박는다'는 뜻으로, 떡을 눌러 다양한 모양과 무늬를 찍고 그것에 생명력을 부여하는 도구다. 떡살이라는 말과 함께 '떡손'이라는 이름도 등장한다. 떡손은 원형 무늬 양쪽으로 손잡이가 있는 도구인데, 지역에 따라 '떡 도장'이라는 명칭도 사용한다. 이는 절편에 떡살 무늬를 도장처럼 눌러 박는다는 의미에서 비롯한 것으로 보인다. 절편은 멥쌀가루로 빚은 기본 떡의 한 종류로 가래떡처럼 길게 빚어 떡살로 무늬를 찍기도 하고, 둥글게 빚어 동그란 떡살로 찍은 다음 기름을 바르기도 한다. 흰떡을 떡판에 놓고 굵게 비빈 다음 손을 세워 아래위로 움직이면서 약 5cm 길이로 꼬리가 달리도록 자르고, 그대로 떡살로 찍으면 절편이 된다.

보기 좋은 떡살이 먹기 좋은 떡을 만든다

절편이 떡살로 무늬를 박은 떡이라고 볼 때 떡살을 만든 것은 절편이 등장한 때와 그 시기가 비슷하다고 짐작할 수 있다. 절편과 관련한 문헌 기록은 조선 시대에 편찬한 일기 혹은 조리서나 의례서 등에 종종 나타난다. 조선 중기의 생활상이 잘 나타나는 조선 중기 학자 안방준의 <묵재일기默齋日記> 1547년 1월 3일 기록을 보면 "정초에 노비를 보내 문안 인사를 하는 과정에서 절편을 선물했다"라는 내용이 최초로 보인다. 떡살의 기록은 아니지만 절편의 기록을 통해 적어도 16세기에는 떡살이 사용되었음을 추측할 수 있다.

　　떡살은 무늬를 새긴 틀판, 틀판을 포함하는 틀, 손잡이로 구성된다. 또 떡살은 만드는 재질과 틀판 형태에 따라 분류한다. 재질에 따라 목제 떡살과 도자 떡살로 나누고, 틀판 형태에 따라 원형, 화형, 장형, 장방형 등으로 구분한다. 동그란 원형과 꽃무늬 화형 틀판은 도자 떡살에서 많이 볼 수 있는데, 대부분 한 가지 무늬가 정교하게 새겨져 있다. 나무 떡살에서 많이 볼 수 있는 방형과 장방형은 여러 가지 문양이 복합적이며, 다소 거친 느낌이 든다. 틀과 손잡이는 틀판의 무늬를 절편에 찍어내기 쉽도록 힘을 주기 편리한 구조로 만들어졌다.

떡살 제작에 주로 쓰는 목재는 감나무와 박달나무다. 감나무는 예전에 집집마다 하나쯤 심었던 터라 떡살에 가장 많이 사용되었다. 나무에 향과 색깔이 없어 음식 도구 재료로도 적합했다. 또 쓰다 보면 닳는 도구인 만큼 강한 재질의 감나무나 박달나무는 적합한 소재였다. 잘 틀어지거나 향이 강한 나무, 표면에 숨구멍이 많아 떡이 달라붙는 나무는 멀리했고, 벼락 맞은 나무나 미신적 관점에서 부정 타는 재료도 꼼꼼히 걸러냈다.

"보기 좋은 떡이 먹기도 좋다"라는 속담이 있다. 떡살은 밋밋한 떡에 문양을 찍어 '음식 예술'을 완성하는 도구다. 그렇다면 떡살 무늬에는 어떤 뜻이 담겨 있을까? 떡살 무늬를 새기는 일이 언제부터 시작되었는지는 정확하게 알 수 없지만 전문가들은 민간신앙에서 출발했다고 본다. 자연을 숭배하는 한국인은 생활 도구에도 다양한 무늬를 새겨 의미를 부여했던 것 같다.

글자가 생기기 전 그림은 의사 전달 수단의 하나였다. 그림과 마찬가지로 무늬도 하나의 언어이고 대화였다. 한국의 전통 무늬는 사邪를 물리치고 복福을 구하는 벽사기복辟邪祈福의 의미를 지니는데, 문양 본연의 장식성이나 기능성보다 강조되었다. 떡살의 무늬 또한 시각적 아름다움과 함께 인간의 소망과 염원을 상징한다. 떡살의 의미는 햇살, 빗살, 물살, 창살 등과 같이 떡에 문양을 부여한다는 의미도 있지만 나쁜 기운을 없애고 복을 부르는 의미도 있다. 떡살과 다식판에 새긴 무늬는 자연을 숭배하는 문양이 주를 이루며, 부모와 자식의 복을 기원하는 무늬도 많다.

떡살이라는 살림 도구

떡살은 부녀자들이 주로 사용하는 살림 도구 중 하나였다. 명망 있는 집에서는 독특한 무늬를 가품家品으로 생각해 떡살이나 다식판은 남에게 빌려주지 않았다. 집안 대대로 내려오는 떡살에는 뒷면에 가문의 호나 주소를 새겨 넣었는데, 큰 잔칫날 여러 사람이 모여 떡을 만들 때나 남의 집 떡살을 빌려 쓸 때 바뀌거나 잃어버리는 것을 방지했다. 가문을 상징하는 무늬가 담긴 떡살을 바꾸려면 가문의 허락이 있어야 가능했을 정도로 떡살은 살림 도구이면서 한 집안을 상징하는 중요한 용구였다.

서울에는 왕족이나 사대부 집안이 많았기 때문에 차 문화가 발달했고 떡

떡살 장인 김규석이 만든 장방형 떡살.
왼쪽부터. 연결의 의미를 담은 고리문,
장수의 의미를 담은 파도문, 윤회사상을
담은 회문(가운데는 연꽃), 기쁨과 기원을
의미하는뇌문, 서로 엮는다는 의미를
담은 자리문과 연꽃문, 축복과 정토의
의미를 담은 만자문과 연꽃문, 장수를
의미하는 파도문과 쌍어문.

살이나 다식판도 다양했다. 영남 유림의 근거지인 영남 지방에는 양반가의 격조를 갖춘 떡살이 많았는데, 특히 예천 지방 떡살이 높은 평가를 받았다. 평야를 바탕으로 곡물이 풍부하던 호남 지방에도 훌륭한 떡살이 많고, 충청 지방의 떡살은 영호남·경기 지방과 비슷한 문양과 형태를 보이며 뚜렷히 다른 특징은 없다. 강원도는 산간 지방이어서인지 떡살이 많지 않았던 것으로 보인다.

떡살 문양으로 읽는 한국인의 마음

떡살 문양은 동물(물고기·나비·박쥐·거북), 식물(꽃·모란·풀·연꽃·천도복숭아·석류·포도·매란국죽·소나무), 기물(칠보·수레), 기하학(선線·원圓·만卍·태극太極), 자연물(구름·번개), 십장생, 글자(오복五福·희囍) 등으로 나뉜다.

인간이 궁극적으로 추구하는 것이 오복이다. 오복이란 다복·재물·장수·관직·강녕을 가리키는데, 이는 곧 권세와 부귀영화를 누린다는 말과 통한다. 떡살이나 다식판에는 이 같은 오복을 상징하는 글자, 만萬·수壽·복福·강康·녕寧을 비롯해 희喜·만수萬壽·무강無疆·부귀富貴·평안平安·다남多男·백수백복百壽百福 등 다양한 문구를 새겼다. 또한 쌍 희囍 자를 새겨 집안에 좋은 일이 많이 일어나기를 바라는 마음을 담았다.

동물 문양 중 물고기는 다산의 동물로 풍요와 재생을 상징한다. 한자로 물고기 어魚 자는 남을 여餘 자와 중국어 발음이 동음이라 부자가 되기를 바라는 의미도 담겨 있다. 물고기를 거꾸로 그리는 것은 재물이 쏟아지기를 기원하는 것이며, 두 마리를 그리는 것은 부유함이 배로 늘어나기를 원하는 것이다. 물고기 세 마리는 세 가지 여유로움(三餘), 즉 재물·행복·여유를 나타내며, 잉어 두 마리가 서로 마주 보는 것은 남녀의 사랑을 의미한다. 연꽃과 잉어 두 마리 그림은 '매년 부유해지라(連年有餘)'라는 뜻이다. 또 눈꺼풀이 없는 물고기가 자면서도 눈을 뜨고 있는 것처럼 보이는 까닭에 사람들은 물고기로 하여금 지킴이 역할을 하도록 했다. 자물쇠에 물고기 모양이 많은 것도 귀중품을 지키라는 뜻이다. 태극 문양에 점을 두 개 찍으면 물고기 두 마리 모양이 되는데, 이것을 음양어陰陽漁라고 한다.

나비는 남녀의 사랑, 장수의 의미를 지닌다. 나비 문양은 여성의 장신구에도 많이 등장한다. 나비의 접蝶 자와 노인을 나타내는 질耋 자가 중국어 발음이 동음이라 그 물건의 주인이 장수하기를 비는 마음도 담겨 있다.

박쥐는 한자로 편복蝙蝠이라고 하는데, 편복蝙 자와 복福 자는 중국어 발음상 동음으로 박쥐 문양은 복을 상징한다. 박쥐 두 마리는 쌍복을, 다섯 마리는 오복을 의미한다. 붉은 박쥐는 붉은 홍紅과 넓은 홍弘이 동음이라 '큰 복'을 상징하고, 동전을 물고 있는 박쥐는 재복을 나타낸다. 조선 시대 혼수용품 중 동전을 연결해 만든 열쇠 패 모양이 박쥐인 것도 재복을 뜻하는 것이다. 또 박쥐는 하늘나라의 쥐라 하여 '천서天鼠', 신선의 쥐라 하여 '선서仙鼠', 나는 쥐라 하여 '비서飛鼠'라 부르며 길상의 의미를 지닌 동물로 보았고, 장수를 상징했다.

십장생의 하나인 거북 역시 장수를 상징하는 동물이다. 오래 산다고 하여 오랠 구久와 같은 음인 구·귀龜로 발음하게 되었다. 거북의 나이를 뜻하는 귀령龜齡이라는 말이 장수를 뜻해 장수하는 사람을 경하하고 만수무강을 빌 때 '귀령학수龜齡鶴壽'라는 글귀를 보내기도 했다. 예부터 거북은 수륙 양생의 특성을 지닌 신성한 동물로 여겼다. 거북의 등딱지는 앞날의 길흉과 운세를 보는 데 사용되었고, 거북은 신과 인간을 연결하는 사자 또는 매개자로 생각했다.

식물의 꽃은 각기 상징적인 의미를 지니지만, 꽃을 가리키는 한자 화花는 화평을 뜻하는 화和 자와 동음이어서 꽃은 주로 '화합'을 뜻한다. 또 석류·매화·포도 등 열매가 많이 달리는 식물은 다산을 의미하는데, 떡살에 이 문양을 새김으로써 자손이 번창하기를 빌었다. 매화는 우아한 풍치와 고상한 절개, 난초는 외유내강, 국화는 서리에도 굴하지 않는 고고함과 절개, 대나무는 추위 속에서도 굽히지 않는 절개와 지조를 상징한다.

연꽃은 진흙 속에 살면서도 오염되지 않고, 물속에서 성장하면서도 쓰러지지 않는 특징이 있다. 따라서 연꽃은 고귀함과 부드러우면서 부러지지 않는 굳은 절개를 상징하며, 연꽃의 씨앗은 생명의 창조와 번영을 의미한다. 모란은 꽃의 왕으로서 부귀를 뜻하는데, 일반 가정에서는 사용할 수 없는 문양이며 궁중에서 많이 활용했다. 넝쿨, 즉 인동초는 겨울을 견디고 끊임없이 넝쿨이 뻗어나가기에 붙은 명칭으로, 자손이 넝쿨처럼 끊임없이 이어지기를 바라는 마음과 강한 생명력을 나타낸다.

기하학무늬는 알 무늬라 불리며 장수와 더불어 도야陶冶(훌륭한 인격과 재능을 갖추기 위해 몸과 마음을 닦음을 이룸)를 상징한다. 직선 무늬는 '길다'라는 의미와 끊어지지 않고 이어지는 '연속되다'라는 개념을 표현한 것으로 장수를 뜻한다. 같은 기하학무늬에 속하는 삼각 무늬는 삼三을 완벽한 숫자로 생각하는 한민족에게 길상吉祥의 의미로 여겨지며, 풍요와 다산을 상징한다.

불로초문   난초화문   국화문

현무문   성자문   연화문

오리문   석류문   십장생문

태극은 우주 만상의 근원으로 무궁함을 의미한다. 태극문을 음양문陰陽紋이라고도 하는데, 음과 양의 조화는 곧 창조를 나타낸다. 또 태극은 사물의 잘못을 바로잡는 근원적 능력이 있고, 요사스러운 것을 진압하며 사악한 것을 다스리는 힘이 있다고 믿었다.

만卍 자는 본래 글자가 아니었으나 만萬 자와 같은 의미로 쓰면서 '끊임없이 무한하다'는 의미와 마귀가 건드릴 수 없는 영험한 부호로 인식하게 되었다. 만 자에 복福, 수壽 같은 글자를 조합해 집주인이 만복, 만수하기를 바라는 마음을 담기도 했다.

자연물로는 구름과 번개 문양이 자주 보인다. 구름은 여유로움을 나타내고, 번개는 풍년을 기원하는 뇌신雷神을 나타낸다. 십장생은 장수를 상징하는 열 가지 상징물이다.

떡의 언어, 떡살

떡살 무늬는 결혼, 돌, 환갑 등 상황에 따라 다른 무늬를 사용한다. 무늬가 곧 '떡의 언어'인 셈이다. 결혼 때는 석류·포도·나비·박쥐·원앙 등의 문양을 넣어 아들딸 많이 낳고 복을 받기를 기원했고, 백일百日에는 파초芭蕉와 잉어를, 회갑에는 수복壽福이나 국화·나비·박쥐·빗살·십장생·팔괘八卦 무늬를 새겼다. 단옷날에는 수레나 물고기 눈 무늬를 새겼고, 사돈이나 친지에게 보내는 선물용품에는 길한 문양을 넣어 길쭉하게 만들었다. 이처럼 떡살은 한국 음식 문화의 격조 있는 한 면을 보여준다.

집안 대대로 내려오는 떡살에는 가문의 호나 주소를
새겨 넣었는데, 큰 잔칫날 남의 집 떡살을 빌려 쓸 때 바뀌거나
잃어버리는 것을 방지했다. 그 정도로 떡살은 귀한
살림 도구이면서 한 집안을 상징하는 중요한 용구였다.

김규석 떡살 장인

전남 담양에 대한민국 유일의 떡살 장인이 있다. 40여 년간 떡살을 연구·제작해온
전라남도무형문화재 제56호 김규석 목조각장이다. 명장은 그동안 6000여 종이 넘는 떡살과
다식판을 제작해왔다. 그가 운영하는 목산공예관에는 그중 1000여 점이 소장되어 있다.
장방형 떡살, 원형 떡살, 손잡이 떡살, 사면 장방형 떡살, 원형 육면 떡살, 육면 정방형 떡살 등
그 모양새도 다양하다. 떡살 만드는 작업은 나무를 고르는 일부터 시작한다. 감나무, 박달나무,
대추나무, 회양목, 그 외 단단한 잡목을 주로 선택하는데 그중에서도 결이 촘촘하고 단단한
감나무를 가장 많이 사용한다. 나무는 쉽게 갈라지거나 뒤틀리지 않게 반드시 그늘에 말린다.
잘 마른 나무를 끌로 다듬어 원하는 형태의 몸통을 만든 다음 조각할 문양을 종이에 그려 나무에
붙인다. 이 과정은 원하는 문양을 정확하게 새기기 위해서도 필요하지만 풀로 붙인 종이가
나무를 잡아주어 조각칼로 새길 때 나무가 깨지는 것을 막기도 한다. 문양은 안쪽으로 45도
정도 비스듬히 새긴다. 그래야 문양을 찍은 뒤에 떡살에서 떡이 잘 빠져나오고 문양도 선명하게
박힌다. 조각을 마친 다음에는 뒤틀리거나 벌레가 끼지 않게 동백기름을 칠하거나 옻칠 한다.
떡살 작업은 떡살로 떡을 찍었을 때 문양이 어떻게 나올 것인가가 중요하다. 그리고 떡살의
의미를 제대로 이해하고 있어야 한다. 김규석 장인은 고려 시대 문양의 역사부터 풍수, 음양오행,
사주까지 두루 공부했다. 그는 전통 떡살에 대한 깊은 이해를 바탕으로 옛 어른들이 이미
만들어놓은 수많은 문양을 요즘 생활에 맞게 적용하고 있다.

국민 간식, 떡볶이

글 · 고영(음식 문화 연구자)

① 약 3.03cm.
② 잔치하는 데와 술상을 보는 데에 쓰기 좋다. 원주.
③ 볶을 때 너무 되게 볶지 말고 자연히 지적지적하게 볶는다. 원주.

떡볶이에 붉은 기가 돌기 시작한 1950년대 이전 한국의 떡볶이는 간장으로 간을 했다.

떡볶이, 먼저 정의부터 내려보자. 떡볶이는 멥쌀로 만든 흰떡을 먹기 좋은 모양으로 뽑거나 썰어 주재료로 삼고, 다양한 부재료와 양념을 더해 볶거나 찐 음식이다. 이러한 떡볶이의 정의를 보면서 그 정의에 빈구석이 많다고 할 독자도 있겠다. 그런데 떡과 그 성형, 부재료와 양념의 다양함, 볶음과 찜 사이를 넘나드는 조리의 세세한 부분을 한마디로 요약하기는 어렵다. 떡볶이가 걸어온 길은 복잡하기 그지없고, 조선 후기에 태동한 떡볶이와 현대 떡볶이의 얽히고설킴도 그렇다.

오늘날 한국인에게 떡볶이는 가장 익숙한 길거리 음식이자 간식 가운데 하나다. 떡볶이를 '국민 간식'이라고 할 때 이의를 제기할 한국인은 없을 듯하다. 다양한 변주가 있지만 떡볶이는 뭐니 뭐니 해도 붉은 고추장 양념이 첫째다. 한국인은 떡볶이에 익숙지 않은 사람에게 이 음식을 소개할 때, 고추장 양념을 뒤집어쓴 떡볶이를 대개 '기본형'으로 설명한다. 이것이 현대 한국 떡볶이의 가장 보편적 모습이다. 이 점을 염두에 두고 옛 조리서를 펼쳐보자.

떡볶이는 일찍이 19세기 조리서에 등장한다. <시의전서>(미상), <부인필지婦人必知>(19세기 중반), <주식시의酒食是義>(19세기 중반), <규곤요람閨壼要覽>(19세기 후반, 연세대본) 등 여러 조리서가 그 예다. 이 가운데 <규곤요람>의 떡볶이 항목이 흥미롭다.

"전복과 해삼을 물러지게 삶아 썰어 냄비에 담고 가래떡을 한 치①기장으로 썰어 넣고②녹말과 후춧가루, 기름, 석이 등 여러 가지에 간장물을 풀어 냄비에 볶는다."③

주재료는 흰떡이며 전복, 해삼, 녹말, 후춧가루, 기름, 석이 등 고급 식료가 부재료로 쓰인다. 녹말과 향신료와 기름은 풍미와 질감을 북돋우는 멋진 한 수다. 이 떡볶이에는 붉은빛이 돌 여지가 없다. 간장이 양념의 바탕이니까.

마지막으로 자연스럽게 수분이 잦아들도록 "지적지적하게" 볶으라는 조리법을 제시했다. 이런 떡볶이가 어울리는 상차림은 인용한 원주 그대로다. 그때에는 잔칫상, 술상이 떡볶이의 제자리다. 표제어 위에 붙은 주석도 재미있다.

"병자법餠炙法. 떡의 길이, 너비, 두께는 키 작은 호패號牌④만 하게 썰어
야 좋다."

이 두주頭註를 떡볶이를 위한 떡 모양내기에 대한 설명으로 읽는 분도 있
다. 하지만 이 두주는 떡볶이가 아니라'병자', 곧 떡구이를 위한 떡 모양내기에
대한 설명인 듯하다. 떡구이를 할 때는 떡을 지금의 휴대전화 4분의 1 크기 직육
면체로 썰면 좋다는 뜻이 아닌가 한다.

이 주석도 그저 지나칠 수만은 없다. 병자는 가장 간결한 흰떡 조리 방법
이다. 흰떡은 불이 닿으면 먹음직스러운 갈색이 되고, 곡물의 구수함이 증폭되
며, 불기까지 머금는다. 굽기만 해도 흰떡은 한층 풍미가 좋아진다. 흰떡은 만
들자마자 바로 안팎으로 마른다. 그런 흰떡을 맛나게 먹는 첫걸음은 떡구이다.
여기에 조청이나 꿀, 간장 등을 찍어 먹어도 좋다. 그러다 아예 기름과 양념을
더할 생각도 할 수 있지 않겠는가. 그냥 구워 조청에 찍든, 간장을 바르든, 온갖
부재료를 더하고 양념과 함께 볶고 조리든, 흰떡은 일종의 맛의 화폭이라 할 수
있다. 불기운만 닿아도 흰떡은 맛의 속성이 달라진다. 살짝 그을린 빵의 맛을
떠올려보라. 나아가 흰떡은 단맛이나 짠맛에도 바로 반응해 단순한 단맛이나
짠맛을 복합적 풍미로 바꾼다. 흰떡은 다채로운 재료와 양념 맛을 잘 빨아들이
고, 그러면서도 맛의 중심을 잡는다. 공을 차는 민속놀이든 현대 축구든 '공'은
행위의 핵심이다. 구이에서나 간장 양념 또는 고추장 양념에서나 흰떡이 그렇
다. 예나 지금이나 떡볶이는 흰떡을 전제로 하는 음식이다.

해산물에서부터 고기와 버섯에 이르는 호화로운 재료에 간장 양념을 붙
이고, 흰떡을 볶아가며 조리는 방식은 앞서 언급한 <부인필지><주식시의>에
도 나온다. 심지어 잣이나 김으로 장식까지 했다. 그런데 <시의전서>의 떡볶이
항목에는 이와 함께 한층 의미심장한 말이 나온다. <시의전서>에서도 흰떡을
"잠깐 볶아" 쓴다고는 했다. 하지만 조리 방식은 '찜'이다. 볶으면서 수분을 날
리고 양념이 배게 하는 방식이 아니라, 한 번 볶은 흰떡을 여러 재료와 함께 뭉
근한 불로 익히는 방식이다. 여기에 제시한 '떡볶이라는 이름의 찜'은 실로 현
대 떡볶이의 조리 방식이다. 나중에 논의하겠지만 몇 가지 예외를 빼고는, 오늘
날 떡볶이는 대개 볶는 과정 없이 흰떡을 흥건한 양념 국물에 넣어 익힌다. 뭉근
한 불에 한참을 두어 양념 맛이 흰떡에 배도록 한다. 요컨대 19세기 조리서 속의
떡볶이는 잔칫상이나 주안상에 어울리는 '볶음'이었다. 그 밖에 뭉근한 불 위에
올린 양념 국물에서 '찜'으로 하는 방식도 있긴 했다.

떡볶이에 붉은 기가 돌기 시작한 것은 1950년대 이후다.
간장 양념 떡볶이가 아주 없어진 것은 아니지만, 화려한
일품요리로서 떡볶이는 서울·경기의 중산층 가정이나 학교
조리 실습 시간을 통해 이어졌다. 1950년대 말이 지나면서
원조 밀가루로 값싼 밀떡 제조가 활발해지고,
고추장을 대량생산하면서 떡볶이의 모습이 달라졌다.

⑤ 1푼은 약 0.303cm.
⑥ 원추리의 꽃과 잎으로 만든 나물.
⑦ 뚜껑이 있는 둥글넓적한 그릇.
⑧ 처녑의 도톰한 부분.

이 흐름은 20세기로 이어진다. 조선 음식을 학문의 영역에서 재구성하기
위해 애쓴 방신영(1890~1977)의 조리서 <조선요리제법朝鮮料理製法>(1921
년판)에 나오는 떡볶이 항목은 이렇다.

"흰떡을 손가락 굵기만큼씩 만들어서 길이가 7푼⑤쯤 되게 썬 뒤 각각 둘
로 쪼개어 냄비에 넣는다. 돼지고기를 또 그 길이만큼에 너비 3푼쯤 되게 썰고
또 쇠고기 연한 것을 얇게 썰어서 갖은 고명에 주물러 이 두 가지 고기를 냄비에
담는다. 여기에 표고, 석이, 이긴 파를 넣고 황화채⑥를 썰어 넣은 뒤 간장과 물
을 조금만 넣고 간을 맞춰 숯불에 끓인다. 한창 끓을 때 썰어놓은 떡을 넣어 잠
깐 익힌 뒤 합盒⑦에 담고 기름과 깨소금을 뿌려 먹는다."

이어진 '떡볶이별법'은 이렇다.

"흰떡을 썰어 수육과 양, 고들개⑧, 등심살을 풀잎같이 얇게 저며서 기름
장 맞추고 파, 표고, 석이를 가늘게 썬다. 솥을 달군 뒤 고기를 볶다가 익을 만하
거든 떡과 양념을 넣고 기름장을 더하여 다시 볶아 익은 뒤에 퍼 잣가루, 후춧가
루, 통잣을 많이 넣는다."

이 조리서에도 화려한 일품요리, 간장 양념, 양념 국물찜, 본격적인 볶음
이 다 이어진다. 방신영과 동시대 요리가인 이용기, 손정규 등도 비슷한 떡볶
이 기록을 남겼으며, 동시대 조선어 신문 속에서 비슷한 떡볶이 제법 이야기는
얼마든지 찾을 수 있다. 조자호(1912~1976)의 <조선요리법朝鮮料理法> 속 '떡
찜'도 눈여겨볼 만하다. 여기에 나오는 떡찜은 사실 동시대 다른 조리서 속 떡

볶이에 살짝 걸쳐 있다. 이 떡찜은 곰국에 흰떡과 부재료를 넣고 익히며 간장으로 간한다. 표제어를 '떡찜'으로 하면서, 조자호는 '볶는 과정이 없고 흥건히 국물이 남는다면 찜이라고 하는 편이 옳지 않겠나' 하지 않았을까? 조리서 박 자료로는 박향림이 1938년에 발표한 노래 '오빠는 풍각쟁이'가 재미있다. 그 1절의 노랫말은 이렇다.

"오빠는 풍각쟁이야, 머/ 오빠는 심술쟁이야, 머/ 난 몰라 난 몰라 내 반찬 다 빼앗아 먹는 건 난 몰라/ 불고기, 떡볶이는 혼자만 먹고/ 오이지, 콩나물만 나한테 주고/ 오빠는 욕심쟁이 오빠는 심술쟁이/ 오빠는 깍쟁이야."

떡볶이는 아무튼 반찬을 놓고 다투는 식민지 시기, 어린 남매에게는 오이지나 콩나물에 견줄 수 없이 맛난 반찬이기도 했다. 이러나저러나 이때까지도 떡볶이에는 붉은빛이라고는 전혀 없었다. 떡볶이에 붉은 기운이 돌기 시작한 때는 1950년대 이후다. 간장 양념 떡볶이가 아주 없어진 것은 아니지만, 화려한 일품요리로서 떡볶이는 서울·경기의 중산층 가정과 학교의 조리 실습에서나 이어졌다. 하지만 앞서 말한 대로 흰떡은 어떤 맛도, 어떤 양념의 풍미도 받아들이되 음식의 중심을 잡아주는 식재료다. 1950년대 말이 지나면서 원조 밀가루를 사용한 값싼 밀떡의 제조가 활발해지고, 사카린·전분당 등 감미료, MSG, 값싼 공장제 간장·고추장의 대량생산이 본격화하면서 떡볶이의 모습은 달라진다.

1920년생 마복림과 서울 신당동 떡볶이 골목에 얽힌 '도시 전설'은 유의미한 민속자료다. 마복림이 신당동에 자리를 잡은 시점은 마침 위에서 말한 길거리 떡볶이의 기본 재료를 손에 넣을 수 있을 때와 겹친다. 단 1960년대 이전까지는 고추장을 본격적으로 쓰긴 어려웠을 테고, 고춧가루로 먹음직스러운 질감·빛깔·풍미를 냈을 것이다. 2000년대까지 재래시장에 드물게 남아 있던 '기름떡볶이'가 아마도 고춧가루를 쓰는 떡볶이의 원형이 아닐까. 기름떡볶이는 번철에 기름을 달구어, 흰떡이 갈색이 나도록 튀기듯 볶듯 익힌다. 거기에 설탕 또는 기타 감미료로 떡에 맛을 입히고, 간장으로 간을 맞추고, 고춧가루로 풍미의 화룡점정을 찍는다. 일품요리 떡볶이에 견줄 때 파는 쪽에선 훨씬 쉽고 싸게 만들 수 있고, 사서 먹는 쪽에서도 부담이 없다. 지갑을 쉬이 열고 바로 만족감을 느낄 만한 새 떡볶이가 탄생한 것이다.

1960년대부터는 값싼 공장제 고추장이 본격적으로 유통되기 시작했다. 감미료와 MSG 공급도 한층 늘어났다. 이제 대중적인 흡인력 있는 양념 또는 국물 만들기가 더욱 쉬워진 셈이다. 고추장을 맹물에 푸는 것으로 무슨 맛이 나겠는가. 그런데 감미료, 설탕, MSG, 값싼 공장제 간장과 고추장 등이 있으면 이야기가 다르다. 입에 넣자마자 미각 본능을 자극할 만한 양념과 국물을 쉽게 만들 수 있게 된 뒤로, 붉은 양념 위에 흰떡이 떠 있는 떡볶이는 단숨에 현대 한국 떡볶이를 대표하게 되었다. 요컨대 뭉근한 불 위에 올려놓고 붉은 양념 국물을 보충해가며 그때그때 흰떡만 넣어 익히는 현대 떡볶이는 흰떡에 대한 전통적 감수성, 흰떡에 전통 장으로 양념해본 경험, 다양한 조리 방식으로 흰떡을 활용해온 경험 등이 1950년대 이후의 새로운 먹을거리 환경이나 사회 환경 등과 복잡하게 만나고 재구성된 끝에 탄생한 음식이다.

우연히 짜장면 그릇에 흰떡을 빠뜨렸다가 춘장이 묻은 흰떡을 먹은 것이 계기가 되어 고추장 이외의 다른 양념에 눈을 떴다는 마복림의 회고도 다시 들여다볼 필요가 있다. 마복림의 시대는 대도시에 인구가 집중하면서 요식업이며 길거리 장사의 경쟁이 극심하던 때다. 떡볶이 가게 또한 내 가게만의 개성을 살려야 했다. 1950년대의 붉은빛 입히기는 시작에 지나지 않았다. 그냥 맵기만 해도 안 된다. 짭짤함, 달콤함, 부드러움 등을 더하되 조화와 균형을 찾아야 했다. 고전적인 흰떡 감수성을 바탕으로 한 한국식 춘장, 인스턴트 카레, 유지방 등의 응용, 고추장과 고춧가루의 혼합 비율 탐구, 밀떡과 쌀떡 사이의 망설임, 양념이 아니라 아예 고추장 국물과 함께 마시는 떡볶이로 만들지에 대한 선택, 어떤 부재료를 더할 것인지에 대한 고민, 이윽고 튀김에 치즈까지 어떤 식재료든 부재료로 받아들이는 시도, 가장 보편적·대중적 맛에 대한 탐구 등등은 이런 맥락 속에 자리한다. 붉은 길거리 떡볶이 덕분에 옛 간장 양념 떡볶이가 거꾸로 새롭게 조명받고 있다. 한국인은 현대에 다시 꽃핀 떡볶이를 만끽하는 중이다. 떡볶이는 현재진행형이다.

끓이고 삶고 쪄서 만든 일상 한식

국물 내기의 기본

국물 내기 전 알아둘 것

국과 찌개 등 한국의 국물 음식은 원재료만으로도 국물 맛을 내지만, 재료가 단순하거나 담백한 맛일 때는 기본 국물을 만들어 쓴다. 여러 국물 재료 중에서 기본은 멸치, 다시마, 쇠고기, 조개다. 이 재료들은 감칠맛을 내기 때문에 국물을 어떻게 우리느냐에 따라 국 맛이 좌우된다. 이 재료를 한 가지만 또는 두세 가지를 합해 쓰는데, 이는 재료의 감칠맛을 높이기 위해서다. 간은 주로 된장과 고추장·조선간장·소금으로 하며, 국의 재료에 따라 다른 것을 넣거나 두 가지 이상 섞어 사용하기도 한다.

1. 멸치 국물 내기

된장이나 고추장을 풀어서 끓이는 국·찌개에 어울린다. 국물용 멸치는 전체적으로 연한 색을 띠며 푸르스름하고 광택이 있는 것으로 고른다. 멸치의 내장과 머리를 떼야 국물 맛이 씁쓸하지 않고, 멸치의 비린내를 없애려면 기름을 두르지 않은 팬에 살짝 볶아 사용한다. 보통 다시마와 함께 넣고, 마른 새우 등을 더하기도 하고, 멸치 대신 디포리를 쓰기도 한다.

만드는 법

1. 찬물 6컵에 내장과 머리를 뗀 멸치 30g, 표면의 흰 가루를 닦아낸 다시마 10×10cm 1장을 넣고 센 불에서 끓인다.
2. 끓기 시작하면 불을 줄이고 10~15분 정도 끓인 다음 국물을 체에 밭쳐 거른다. 국물이 끓으면서 생기는 거품은 걷어낸다.

2. 다시마 국물 내기

주로 멸치와 함께 넣어 국물을 내지만, 다시마만 사용해 깔끔한 맛을 내기도 한다. 다시마는 얇은 것보다 도톰하고 검은빛이 나며 표면이 흰 가루로 덮인 것이 좋다. 흰 가루는 소금기가 말라붙은 것이다. 국물을 내고 건진 다시마는 가늘게 채 썰어 고명으로 사용해도 좋다.

만드는 법

1. 다시마 표면의 흰 가루를 털고 면포로 닦는다.
2. 찬물 5컵에 10×10cm 크기의 다시마 1장을 담그고 끓인다. 오래 끓이면 다시마의 끈끈한 점액질이 나오므로 끓기 시작하면 바로 건진다.

3. 쇠고기 국물 내기

맑은국에는 물론 된장과 고추장을
넣는 국·찌개에도 쇠고기 국물을
쓴다. 쇠고기 국물을 사용할 때는
멸치를 같이 쓰지 않는다. 국물용
쇠고기로는 지방이 거의 없고
육질이 단단하며 풍미가 강한
양지머리나 사태, 홍두깨살이 좋다.
고기는 찬물에 1시간 이상 담가
핏물을 빼야 한다.

만드는 법
1. 물 6컵에 핏물을 뺀 양지머리나
사태 200g, 고기 누린내를 잡기
위한 대파 ⅓대와 통마늘 5~6쪽을
넣고 센 불에서 끓인다.
2. 끓기 시작하면 불을 줄이고
고기가 익을 때까지 푹 끓인다.
국물이 끓으면서 생기는 거품은
걷어낸다.
3. 다 익은 고기는 건져서 건지로
쓰고, 국물은 체에 밭쳐 걸러낸다.

4. 조개 국물 내기

생선이나 해물이 주재료인 찌개와
전골에 가장 어울린다. 맑은국이나
전골 또는 된장으로 간하는
국·찌개에도 쓴다. 국물용으로는
모시조개나 홍합, 바지락이 좋다.
조개는 껍데기째 넣으므로 솔로
박박 문질러 깨끗이 씻은 다음
옅은 소금물(물 6컵, 소금 2T)에
담가 어두운 곳에 3~4시간 두어
해감한다.

만드는 법
1. 물 6컵에 조개 300g을 넣고
센 불에서 끓인다. 국물이 끓으면서
생기는 거품은 걷어낸다.
2. 조개가 입을 벌리면 조개는
먼저 건져내고, 국물은 체에 밭쳐
거른다.

쇠고기뭇국

재료

쇠고기(양지머리) 200g, 무 400g,
다시마 10×10cm 1장, 대파 ½대,
참기름 1T, 다진 마늘 1T, 조선간장 1T,
소금·후춧가루 약간씩, 물 10컵

고기 양념

다진 마늘 1t, 참기름 1t, 후춧가루 약간

만드는 법

❶ 쇠고기는 한 입 크기로 납작납작하게
썰어 분량의 고기 양념을 넣고 밑간한다.

❷ 무는 껍질째 깨끗이 씻어 3cm 길이로
토막 낸 후 2.5cm 폭, 3mm 두께로
나박썰기한다.

❸ 다시마는 젖은 행주로 겉에 묻어 있는
하얀 가루를 가볍게 닦아낸 뒤, 두세 군데
가윗집을 낸다. 냄비에 분량의 물과 함께
넣고 끓이다가 끓기 시작해서 3~4분
정도 지나면 다시마는 건져낸다.

❹ 대파는 어슷하게 썬다.

❺ 냄비를 달군 뒤 참기름을 두르고
①의 쇠고기를 넣어 볶다가 고기 색이
변하면서 익으면 ③의 다시마 물을 붓고
센 불에서 끓인다.

❻ ⑤가 한창 끓으면 ②의 무를 넣고
무가 말갛게 익어 떠오르면 거품을
말끔히 걷어낸다. 다진 마늘을 넣고
조선간장으로 간한다. 부족한 간은
소금으로 맞춘다.

❼ 대파와 후춧가루를 넣고 잠시 더
끓인다.

지방이 적은 담백한 쇠고기와 달큰한
무를 넣고 끓이는 깔끔한 맛의
쇠고기뭇국. 계절에 상관없이 먹는 일상
국이지만, 날이 쌀쌀해지면서 무에 단맛이
드는 가을과 겨울에 더 맛있다.

쇠고기미역국

재료
마른미역 30g, 쇠고기(양지머리) 200g,
참기름 1T, 다진 마늘 1T, 조선간장 2T,
소금 약간, 물 12컵

고기 양념
다진 마늘 1t, 소금 1t, 참기름 1t,
후춧가루 약간

만드는 법

❶ 미역은 물을 넉넉히 붓고 30분 정도
불린 뒤 거품이 나오지 않을 때까지
주물러 씻은 다음 먹기 좋은 크기로
뜯어놓는다.

❷ 쇠고기는 얇게 저민 뒤 분량의 고기
양념을 넣고 주물러놓는다.

❸ 냄비에 참기름을 두르고 ②의 고기를
볶다가 분량의 물을 붓고 끓인다. 고기
국물이 충분히 우러나면 거품을 깨끗이
걷어낸 뒤 ①의 미역을 넣고 약한 불에서
약 20분간 끓인다.

❹ 미역이 부드럽게 익으면 다진 마늘을
넣고 조선간장으로 간한다. 부족한 간은
소금으로 맞춘다.
기호에 따라 후춧가루 또는 약간의
참기름을 넣어서 먹는다.

한국 가정에서는 요오드와 식이섬유가
풍부한 미역 말린 것을 상비해두고
수시로 국을 끓여 먹는다. 국거리로 쓰는
참미역은 물에 불리면 식감이 부드럽고,
미역 중에서 고급으로 치는 돌미역은
쫄깃쫄깃하면서 고소한 맛이 특징이다.
미역국을 끓일 때 보통 쇠고기를 많이
쓰지만, 쇠고기 대신 홍합이나 흰 살
생선을 넣기도 한다.

콩나물국

재료

콩나물 200g, 대파 ½대, 홍고추 1개,
다진 마늘 1T, 소금 적당량, 물 5컵

만드는 법

❶ 콩나물은 지저분한 뿌리를 다듬고
깨끗이 씻는다.

❷ 냄비에 ①의 콩나물을 담고 분량의
물을 부어 소금을 약간 넣은 뒤 뚜껑을
덮고 15분 정도 끓인다. 도중에 뚜껑을
열면 비린내가 나므로 주의한다.

❸ 대파는 어슷하게 썰고, 홍고추도
어슷하게 썰어 찬물에 담가 씨를 뺀다.

❹ 콩나물이 투명하게 익으면 소금으로
간을 맞추고 대파, 홍고추, 다진 마늘을
넣은 뒤 한소끔 끓인다. 기호에 따라
고춧가루를 넣는다.

콩나물은 알코올을 분해하고 독소를
배출하는 아스파라긴산을 함유해 숙취
해소에 탁월하다. 한국인은 과음한
다음 날 아침에 해장용으로 콩나물국을
즐겨 먹는다. 멸치나 쇠고기로 밑
국물을 내서 쓰기도 하는데, 밑 국물을
쓰지 않을 때에는 콩나물 분량을 많이
준비한다. 비빔밥이나 솥밥 등을 먹을 때
곁들이는데, 마지막에 고춧가루를 살짝
뿌려 얼큰하게 먹기도 한다.

시금치된장국

준비하기

재료

시금치 300g, 모시조개 300g, 된장 3T,
고추장 2t, 대파 ½대, 고춧가루 ½T,
다진 마늘 1T, 조선간장 적당량, 물 6컵

옅은 소금물

물 6컵, 소금 2T

만드는 법

❶ 시금치는 밑동에 붉은빛이 돌면서
단단한 것을 골라 뿌리째 다듬어 씻어
건진다. 큰 것은 2~3쪽으로 나눈다.

❷ 모시조개는 씻은 뒤 옅은 소금물에
담가 어두운 곳에 3~4시간 두어
해감한다. 냄비에 해감한 조개와 물
5컵을 붓고 끓이다가 조개 입이 벌어지면
건져낸다. 조갯살이 붙어 있지 않은 쪽
껍질은 떼어내고, 국물은 체에 거른다.

❸ 다른 냄비에 ②의 조개 국물을 붓고
된장과 고추장을 풀어 끓인다.

❹ 국물이 끓어오르면 ①의 시금치를
넣고 나머지 물 1컵을 부어 끓인다.

❺ 대파는 어슷하게 썬다.

❻ 시금치가 부드러워지면 ②의
조개와 고춧가루, 다진 마늘을 넣는다.
조선간장으로 간을 맞추고 대파를
넣는다.

된장국은 어떤 재료를 더하느냐에 따라
다양하게 바꿀 수 있다. 시금치, 아욱,
근대, 냉이, 풋배추 등을 건지로 쓰며
멸치나 쇠고기로 국물을 낸다. 봄에는
모시조개를 넣어 더욱 감칠맛 나는 국을
끓일 수 있다.

우거지탕

준비하기

재료
우거지(무청 150g, 배추 겉대 150g),
대파 ½대, 홍고추 2개, 풋고추 2개,
된장 1T, 조선간장 약간

우거지 삶는 물
물 20컵

우거지 양념
된장 2T, 다진 마늘 1T, 조선간장 1T

멸치 국물
국물용 멸치 20g, 물 9컵

만드는 법

❶ 물 20컵을 끓여서 무청과 배추 겉대를
넣고 무를 때까지 삶아 찬물에 여러 번
씻어낸 뒤 얇은 껍질을 모두 벗긴다.
물기를 꼭 짜서 4cm 길이로 썬다.
겨울에는 말린 무청을 불려서 쓰기도
한다.

❷ 국물용 멸치는 내장과 머리를
떼어내고 냄비에 분량의 물 9컵과 함께
넣어 15분 정도 끓인 뒤 국물을 체에
밭친다.

❸ 대파는 어슷하게 썰고, 홍고추와
풋고추는 씨를 털어낸 뒤 굵게 다진다.

❹ 냄비에 ②의 멸치 국물을 붓고 된장
1T을 체에 걸러가며 풀어 넣은 뒤 중간
불에서 끓인다.

❺ ①의 무청과 배추 겉대에 분량의
우거지 양념과 홍고추, 풋고추를 넣고
고루 주무른다.

❻ ④의 멸치 국물이 끓어오르면 ⑤의
건지를 넣고 약한 불에서 푹 무르도록
충분히 끓인다.

❼ ⑥에 대파를 넣고 조선간장으로 간을
맞춘 뒤 한소끔 끓인다.

우거지는 김치를 담그기에는 조금 억센
배추 겉대나 무청을 가리킨다. 섬유소가
질긴 만큼 풍부한 식이섬유를 비롯해
칼슘과 비타민 C 등의 영양소를 함유하고
있다. 한국에서는 예부터 생채소가 없는
계절을 대비해 잎채소를 말려두었다가
국·찌개 등의 건지로 써왔다. 특히 김장
때 남는 배추나 무청을 말려 사용하기도
한다. 우거지는 부드럽게 불리기 위해
천천히 오래 끓이며, 씁쓸한 맛을 없애기
위해 된장으로 간한다.

육개장

준비하기

재료
쇠고기(양지머리) 500g, 양 200g,
곱창 300g, 대파 4대, 소금 약간

고기 삶는 물
물 15컵, 대파 2대, 마늘 10쪽, 통후추 1T

양과 곱창 손질할 때
밀가루 ½컵

양과 곱창 삶는 물
물 20컵, 대파 2대, 마늘 10쪽, 생강 2톨,
통후추 1T

국 건지 양념
고춧가루 2T, 참기름 2t, 고추장 1T,
조선간장 1T, 다진 마늘 1T

만드는 법

❶ 쇠고기는 찬물에 1~2시간 정도 담가
핏물을 뺀다. 냄비에 물 15컵을 끓인 후
쇠고기, 대파, 마늘, 통후추를 넣고 1시간
정도 끓이다가 약한 불에서 20분간 더
삶는다. 고기가 부드럽게 익으면 건져내
식히고, 국물은 고운체에 걸러 맑게 받는다.

❷ 양과 곱창은 물에 한번 씻어낸 후
밀가루를 나누어 넣고 한참 주물러 씻는다.
양은 끓는 물에 데쳐내어 검은 막을 칼로
긁어 벗기고, 기름은 떼어낸다. 곱창은
두꺼운 기름을 잘라내고 물을 흘려가며
속을 훑어 씻는다.

❸ 물 20컵을 끓여서 ②의 양과 곱창, 대파,
마늘, 생강, 통후추를 넣고 무르도록 삶아서
양과 곱창만 건져낸다.

❹ ①의 쇠고기는 5cm 길이로 결대로
찢는다. ③의 양은 결 반대 방향으로
저며서 납작하게 썰고, 곱창은 한 입
크기로 썬다.

❺ 대파는 8cm 길이로 잘라 서너 갈래로
갈라서 끓는 물에 살짝 데친 뒤 찬물에
헹구어 물기를 꼭 짠다.

❻ 국 건지 양념 중 먼저 고춧가루에
참기름을 넣고 으깨어 고추기름을 만든
후 나머지 분량의 재료를 섞어 양념장을
만든다. ④의 쇠고기·양·곱창을 합해
양념장으로 버무리고, 대파도 따로
양념장을 넣어 버무린다.

❼ ①의 쇠고기 국물을 끓이다가 끓기
시작하면 ⑥의 쇠고기·양·곱창을 넣고
중간 불에서 한소끔 끓이다가 대파를
넣고 10분 정도 더 끓인다.

'고기 육肉' 자가 붙은 육개장은 쇠고기와
양, 곱창 등을 듬뿍 넣고 얼큰하게 끓이는
국이다. 예부터 여름철에 많이 먹었는데
고온·고습의 한국 여름 날씨에 뜨거운
국을 먹어 땀을 흘리면 대사를 촉진하고,
식욕을 돋운다고 생각했기 때문이다.
길게 자른 대파를 듬뿍 넣어 달큼한 맛을
내고, 삶은 숙주나 고사리, 토란대 등의
나물을 넣기도 한다. 고기 맛이 달큼한
부위인 양지머리를 쓰며, 고기를 결대로
찢어 조리하는 것이 특징이다.

대구맑은탕

준비하기

재료

대구 1kg, 무 300g, 두부 150g, 표고버섯 4개, 콩나물 200g, 미나리 50g, 쑥갓 50g, 대파 ⅓대, 홍고추 1개, 배춧잎 2장, 실파 6줄기, 조선간장 ½T, 소금 2t, 다진 마늘 1T, 다진 생강 1t, 맛술 2T, 후춧가루 약간

다시마 국물

물 10컵, 다시마 10×10cm 1장, 생강 2톨, 맛술 1T

만드는 법

❶ 대구는 비늘과 지느러미를 모두 제거하고 깨끗이 씻은 뒤 반으로 갈라 5cm 길이로 토막 내고, 내장과 머리도 잘 씻는다. 소금(분량 외)을 전체에 살짝 뿌려둔다.

❷ 냄비에 분량의 물을 붓고 다시마와 대구 머리, 생강과 맛술을 넣고 끓인다. 물이 끓기 시작하고 20분 정도 지나 국물이 우러나면 체에 밭쳐 거른다.

❸ 무는 가로세로 4×5cm, 5mm 두께로 네모지게 썰고, 두부는 가로세로 4×5cm, 1cm 두께로 두툼하게 썬다. 표고버섯은 기둥을 떼고 윗부분에 열십자로 두 번 칼집을 낸다.

❹ 콩나물은 꼬리를 떼고, 미나리는 6cm 길이로 자르고, 쑥갓은 짧게 끊는다. 대파는 반으로 갈라 5cm 길이로 자르고, 홍고추는 어슷하게 썬다.

❺ 배춧잎과 실파는 끓는 물에 살짝 데쳐 찬물에 헹군 뒤 물기를 짠다. 김발 위에 데친 배춧잎을 펼쳐놓고 가운데에 실파를 몇 줄기 올려 둥글게 말아 5cm 길이로 썬다.

❻ ②의 다시마 국물에 대구살과 내장, 무를 넣고 조선간장과 소금으로 간한다. 다진 마늘과 다진 생강, 맛술을 넣고 계속 끓인다.

❼ 콩나물, 두부, 표고버섯, ⑤의 배추말이, 홍고추 순으로 넣고 끓이다가 불을 끄기 직전에 대파, 미나리, 쑥갓, 후춧가루를 넣는다.

겨울이 제철인 대구는 비린 맛이 적고 담백해서 탕으로 끓여 먹기 좋다. 빛깔이 푸르스름하고 배 부분이 단단한 것이 신선하다. 다른 생선에 비해 살이 무르고 부드럽지만, 오래 끓이면 질겨지므로 살짝 끓여야 한다. 대구살은 초간장이나 겨자장(212쪽 두부선 만들기 참고)에 찍어 먹으면 더욱 맛있다. 고추장과 고춧가루를 넣어 매운탕으로도 만들어 먹는다.

소갈비탕

준비하기

재료
소갈비 1kg, 무 400g, 대파 1대, 당면 40g,
조선간장·소금 적당량

갈비 국물
물 20컵, 대파 1대, 마늘 5쪽, 통후추 1t

국 건지 양념
조선간장 3T, 다진 마늘 1T,
참기름·후춧가루 약간씩

만드는 법

❶ 소갈비는 살이 적당히 붙어 있는
것으로 골라 4~5cm 길이로 토막 내고,
붙어 있는 기름은 떼어낸다. 찬물에 1시간
이상 담가 핏물을 뺀 뒤 끓는 물에 살짝
데치고, 흐르는 물에 씻어 여분의 기름을
제거한다.

❷ 무는 3cm 길이로 토막 낸다.

❸ 냄비에 분량의 물을 붓고 ①의
소갈비와 대파, 마늘, 통후추를 넣어 센
불에서 끓인다. 끓는 중간에 무를 넣어
함께 삶다가 살캉한 정도로 익으면 먼저
건져서 가로세로 2.5×3cm, 1cm 두께로
도톰하게 썬다.

❹ 소갈비가 익으면 중간 불로 줄이고
떠오르는 거품을 걷어내며 1시간 정도
푹 끓이다가 갈빗살이 부드럽게 익으면
건져낸다. 국물은 면포에 걸러 차게
식혀서 위에 뜬 기름을 걷어낸다.

❺ 국 건지 양념 재료를 모두 섞어서
갈비와 무에 각각 넣고 버무린다.

❻ 대파는 송송 썰고, 당면은 끓는 물에
부드럽게 삶아놓는다.

❼ ④의 국물에 ⑤의 갈비와 무를 넣고
한소끔 끓인 뒤 조선간장으로 간을
맞춘다. 그릇에 갈비와 무, 당면을 담고
뜨거운 국물을 부은 뒤 대파를 올린다.
모자란 간은 소금으로 맞춘다.

소갈비를 넉넉히 넣고 한꺼번에 많은
양을 끓여야 깊은 고기 국물을 우려낼 수
있다. 고기의 누린내와 기름기를 없애기
위해 밑손질을 꼭 해야 한다. 1시간 정도
끓이면서 거품을 계속 걷어내야 하는
수고와 정성이 필요하지만, 그만큼 맑고
담백한 국물을 낼 수 있다. 예나 지금이나
잔치 때 빠지지 않는 대표 음식으로
결혼식장에서 하객에게 대접하기도 한다.

곰탕

준비하기

재료
무릎도가니 1kg, 양지머리 500g,
사태 500g, 양 300g, 곱창 300g,
무 300g, 대파 1대, 소금·조선간장 적당량,
후춧가루 약간

양·곱창 손질할 때
밀가루 1컵

고기 삶는 물(국물)
물 20L, 대파 4대, 마늘 8쪽, 통후추 1T

국 건지 양념
조선간장 2T, 다진 마늘 2T, 참기름 1T,
소금 2t, 후춧가루 약간

만드는 법

❶ 도가니는 토막 내 찬물에 5시간 정도
담가 핏물을 뺀다. 양지머리와 사태는
찬물에 1시간 이상 담가 핏물을 뺀다.

❷ 양과 곱창은 밀가루를 뿌려 주물러
씻은 후 끓는 물에 살짝 데쳐 검은 막을
없애고 기름 덩어리를 떼어낸다. 곱창은
가위로 두꺼운 기름을 잘라내고 물을
흘려가며 속을 훑어내어 씻는다.

❸ 큰 솥에 도가니를 넣고 도가니가 잠길
만큼 물을 부어 끓인다. 끓기 시작하면
10분 정도 더 끓인 후 물을 버리고 흐르는
물에 도가니를 씻어낸다. 다시 솥에 물
20L를 붓고 도가니를 넣어 2시간 이상
은근한 불에서 끓인다.

❹ 국물이 뽀얗게 우러나면 양지머리와
사태, 양과 곱창을 대파, 마늘, 통후추와
함께 넣고 1시간 이상 푹 끓인다. 끓이면서
생기는 거품은 말끔히 걷어낸다. 국물이
끓으면 무를 크게 반으로 토막 내 넣고
함께 삶는다.

❺ ④의 국 건지가 부드럽게 익으면
건져낸다. 도가니와 곱창은 한 입
크기로 썰고, 양지머리와 사태는 결 반대
방향으로 얄팍하게 썰고, 양은 결 반대
방향으로 납작하게 저며 썬다. 무는
2.5×3cm 크기로 도톰하게 썬다. 분량의
국 건지 양념 재료를 섞어 고기와 무에
각각 넣고 버무린다. 대파는 5mm 두께로
송송 썬다.

❻ ④의 고기 국물은 고운체에 거른 후
양념한 ⑤의 국 건지를 넣고 한소끔
끓이다가 조선간장과 소금으로 간을
맞춘다.

❼ 그릇에 국 건지를 골고루 담고
뜨거운 국물을 부은 뒤 대파를 올리고
후춧가루를 뿌린다. 고기 건지는
겨자장(212쪽 두부선 만들기 참고)이나
초간장을 만들어 찍어 먹는다.

'곰'은 육질이 풀어지도록 오랜 시간
끓이는 '고음'에서 나온 말이다.
곰국이라고도 부르는 곰탕은 소갈비만
넣는 소갈비탕과 달리 도가니, 양지머리,
사태, 양, 곱창 등을 모두 넣고 푹 끓여
국물 맛이 좀 더 풍성하고 기름지다. 소의
가슴에 붙은 업진살과 허파나 목줄 뒤에
붙은 부아 등을 넣기도 하는데, 뼈 부위는
쓰지 않는다.

삼계탕

준비하기

재료

영계 4마리(1마리당 600g), 찹쌀 1컵,
수삼(소) 4뿌리, 마늘 12쪽, 대추 8개,
밤 4개, 은행 8개, 물 20컵,
소금·후춧가루 약간씩

만드는 법

❶ 영계는 배를 가르지 말고 꽁지 쪽을
조금 잘라 내장을 꺼낸다. 뼈에 붙어 있는
핏기까지 말끔히 긁어내고 씻은 다음
물기가 잘 빠지도록 세워놓는다.

❷ 찹쌀은 깨끗이 씻어서 물에 2시간 정도
불린 뒤 체에 밭쳐 물기를 뺀다.

❸ 수삼·마늘·대추는 씻고, 밤은
속껍질까지 벗기고, 은행은 끓는 물에
데쳐 속껍질을 벗긴다.

❹ 꽁지를 통해 닭의 배 속에 불린 찹쌀과
수삼, 마늘, 대추, 밤, 은행을 넣고 벌어진
곳을 대나무 꼬치로 꿴 후 다리를 모아
무명실로 묶는다.

❺ 냄비에 닭의 배가 위로 오도록
가지런히 담고 분량의 물을 부어 끓인다.
끓기 시작하면 불을 약하게 줄여 1시간
이상 푹 끓인다.

❻ 닭이 충분히 익으면 건져서 실과
꼬치를 제거하고 1인용 뚝배기(그릇)에
1마리씩 담은 뒤 ⑤의 국물을 붓는다.
소금과 후춧가루는 취향대로 넣어
먹는다.

여름철 보신 음식 중 한국인이 더운
복날(초복, 중복, 말복)에 단백질을
보충하기 위해 가장 많이 챙겨 먹는다.
조선시대에는 어린 닭을 백숙으로
고아 연계軟鷄 백숙이라 했는데, 후에
인삼을 넣어 계삼탕이라고 부르다가
지금의 삼계탕으로 바뀌었다. 찹쌀밥을
많이 준비하려면 작은 면 주머니에
불린 찹쌀을 따로 담아 끓이고, 수삼은
2~3년생의 작은 것을 쓴다. 수삼 대신
가루 인삼차를 끓이는 국물에 넣기도 한다.

북엇국

준비하기

재료
북어포 1마리, 달걀 1개, 대파 1대,
홍고추 1개, 참기름 2T, 조선간장 1T,
소금 1t, 후춧가루 약간

북어포 양념
조선간장 1T, 다진 마늘 1T, 후춧가루 약간

북어 국물
북어 머리 1개, 물 5컵,
다시마 10×10cm 1장, 마늘 2쪽,
생강 1톨, 물 1컵

만드는 법

❶ 북어포는 머리와 꼬리를 자르고
몸통을 흐르는 물에 적신 뒤 물기를 짠다.
가로세로 3.5×1cm 크기로 잘라 분량의
양념 재료를 넣어 양념한다. 머리는
국물용으로 남겨놓는다.

❷ 냄비에 분량의 물과 ①의 북어 머리,
다시마, 마늘, 생강을 넣고 끓이다가 물이
끓으면 10분 후에 다시마를 건져내고 5분
정도 더 끓인 후 체에 거른다.

❸ 또 다른 냄비에 참기름을 두르고 중간
불에서 ①의 북어를 볶다가 ②의 국물을
부어 끓인다.

❹ 국물이 뽀얗게 우러나면 달걀을 풀어
줄알을 치고, 약한 불에서 은근하게
끓인다.

❺ 대파는 3cm 길이로 잘라 반으로
가르고, 홍고추는 어슷하게 썰어 ④에
넣는다.

❻ 조선간장과 소금으로 간을 맞추고
후춧가루를 뿌린다.

명태를 겨울에 얼리면서 말린 북어는
비린 맛이 없고 담백해서 누구나 즐길
수 있다. 손질하기도 쉽고 조리 시간도
짧아 국 재료로 많이 애용한다. 북엇국은
콩나물국과 함께 숙취 해소에 아주 좋은
해장국이다. 북어포를 물에 오래 불리면
살이 풀어져 맛이 없어지니 흐르는 물에
적시는 정도가 적당하다. 기호에 따라
콩나물이나 두부를 넣기도 한다.

굴두부젓국조치

준비하기

재료
굴 200g, 두부 200g, 쇠고기(우둔살) 50g,
실파 3줄기, 홍고추 ½개, 새우젓 1T,
참기름 1t, 소금 ½t, 물 3컵

옅은 소금물
물 6컵, 소금 2T

고기 양념
간장 1t, 다진 마늘 1t, 참기름 1t,
후춧가루 약간

만드는 법

❶ 굴은 통통한 것으로 준비해 옅은
소금물에 흔들어 씻어 건져 놓는다.

❷ 두부는 부드러운 것으로 준비해
2×3cm 크기로 도톰하게 썬다. 새우젓의
건지는 살짝 다져놓는다.

❸ 쇠고기는 한 입 크기로 납작하게 썰어
분량의 고기 양념 재료를 넣고 양념한다.

❹ 실파는 3cm 길이로 썰고, 홍고추는
씨를 빼고 어슷하게 썬다.

❺ 냄비에 분량의 물을 붓고 끓이다가
끓기 시작하면 ③의 쇠고기를 넣고
끓인다.

❻ ⑤에 굴과 두부를 넣고 끓이다가 굴이
익어 떠오르면 새우젓을 넣는다. 부족한
간은 소금으로 맞춘다.

❼ 실파와 홍고추를 넣고 잠시 끓인 다음
불을 끄고 참기름을 넣는다.

조치는 현재 많이 쓰지 않는 조리
용어지만, 국보다 국물이 적고 건지가
많은 바특한 국물 음식을 말한다.
찌개나 지지미, 볶음, 찜이 조치에
속한다. 굴과 두부를 넣기 때문에 너무
오래 끓이거나 식은 것을 다시 데우면
맛이 떨어진다. 새우젓국으로 간한
맑은 국물이 해장에 좋고, 서양식 아침
식사에도 잘 어울린다.

참치 김치찌개

준비하기

재료
참치 통조림 1캔(150g), 배추김치 250g,
두부 200g, 양파 100g, 대파 ½대, 홍고추
1개, 다진 마늘 2t, 고춧가루 ½T, 물 7컵,
소금 약간

만드는 법

❶ 참치 통조림은 체에 밭쳐 기름을 따로
모아놓는다.

❷ 배추김치는 잘 익은 것으로 준비해
소를 대충 털어낸 뒤 3cm 폭으로 썬다.

❸ 두부는 2×3cm 크기로 도톰하게 썰고,
양파는 굵게 채 썬다.

❹ 대파와 홍고추는 5mm 폭으로
어슷하게 썬다.

❺ 냄비에 통조림에서 나온 참치 기름을
두르고 배추김치를 충분히 볶다가 분량의
물을 부어 끓인다.

❻ 김치가 익어 부드러워지면 양파와
참치, 다진 마늘과 고춧가루를 넣고 약한
불에서 끓인다.

❼ 두부를 넣은 뒤 홍고추와 대파를 넣고
잠깐 더 끓인다. 모자란 간은 소금으로
한다.

김치찌개는 한국인이 된장찌개 다음으로
즐겨 먹는 찌개다. 잘 익은 배추김치를
기본으로 하며, 보통 기름진 돼지고기로
국물 맛을 내는데 요즘에는 통조림
참치도 많이 사용한다. 잘 익은 김치
국물을 넣으면 감칠맛을 더할 수 있다.

두부된장찌개

준비하기

재료
두부 400g, 애호박 150g, 홍고추 1개,
풋고추 1개, 대파 ⅓대, 마른 표고버섯 3개,
된장 2T, 조선간장 1t, 고춧가루 1t,
다진 마늘 1t

멸치 국물
국물용 멸치 30g, 다시마 10×10cm 1장,
물 6컵

만드는 법

❶ 두부는 가로세로 4×3cm, 1cm 두께로
썰고, 애호박은 반으로 갈라 8mm 두께로
도톰하게 썬다.

❷ 마른 표고버섯은 물에 불려서 기둥을
떼고 굵게 찢는다. 홍고추와 풋고추,
대파는 각각 어슷하게 채 썬다.

❸ 국물용 멸치는 머리와 내장을
떼어낸다. 냄비에 분량의 물과 멸치,
다시마를 넣고 10분 정도 끓인 다음
국물만 체에 거른다. 이때 삶은 멸치는
작게 찢어 건지로 써도 좋다.

❹ ③의 멸치 국물에 된장을 풀고, 썰어
놓은 애호박과 표고버섯을 넣는다.

❺ 애호박이 익으면 두부를 넣고
끓이다가 조선간장과 고춧가루,
다진 마늘을 넣는다. 두부가 부드럽게
떠오르면 홍고추와 풋고추, 대파를
넣는다.

한국인이 가장 많이 끓여 먹는 찌개
중 하나. 멸치 국물에 된장을 풀고
애호박·표고버섯·두부를 넣는 것은
기본이고, 여기에 감자·양파·각종 버섯
등을 첨가해 집집마다 다른 레시피로
만든다. 멸치 국물을 쓰는 이유는
된장과 함께 어우러져 감칠맛을 높이기
위해서다. 멸치 국물을 끓일 때 그냥 물
대신 쌀뜨물을 사용하면 더 구수한 맛을
낼 수 있다.

조기고추장찌개

준비하기

재료
조기 2마리(800g), 쇠고기(등심) 100g,
애호박 200g, 두부 150g, 미나리 40g,
쑥갓 50g, 대파 ½대, 풋고추 2개, 홍고추
1개, 고추장 2T, 고춧가루 2t, 다진 마늘
2t, 다진 생강 1t, 조선간장·소금 약간씩,
참기름 1T, 물 6컵

고기 양념
조선간장 2t, 다진 마늘 2t, 참기름 2t,
후춧가루 약간

만드는 법

❶ 조기는 지느러미와 비늘, 내장을
제거하고 깨끗하게 씻어서 5~6cm
정도로 크게 토막 낸다. 소금을 살짝
뿌려놓는다.

❷ 애호박은 1cm 두께의 반달 모양으로
썰고, 두부는 3×4cm 크기로 도톰하게
썬다. 미나리와 쑥갓은 다듬어서 5cm
길이로 썬다.

❸ 대파는 어슷하게 썰고, 풋고추와
홍고추도 어슷하게 썰어 씨를 털어낸다.

❹ 쇠고기는 얇게 썰고, 분량의 재료로
만든 고기 양념을 넣어 무친 다음 냄비에
참기름을 두르고 볶다가 분량의 물을
부어 끓인다.

❺ ④의 고기 국물에 고추장을 풀어
끓이다가 조기를 넣는다.

❻ ⑤에 애호박, 두부, 풋고추, 홍고추,
고춧가루, 다진 마늘, 다진 생강을 넣고
끓이다가 마지막에 조선간장이나
소금으로 간을 맞춘 후 대파, 미나리,
쑥갓을 넣고 바로 불에서 내린다.

조기는 구이, 찜, 조림, 탕, 국 등 다양하게
조리해 먹을 수 있는 생선으로 조선
시대에는 젓갈로 만들어 먹기도 했다.
고추장을 풀어 끓인 국물에 싱싱한
조기만 넣어도 맛있지만 쇠고기를 더하면
국물 맛이 한층 깊어진다.
살이 매우 부드러운 생선이라 끓는
국물에 넣어야 하며, 끓는 동안에는
뒤적이지 말아야 한다. 밥반찬은 물론
술안주로도 그만이다.

순두부찌개

준비하기

재료
순두부 1팩(350g), 배추김치 200g,
돼지고기(목살) 100g, 식용유 1T, 물 6컵,
새우젓 1T

찌개 양념
고춧가루 2T, 참기름 2T, 풋고추 1개,
홍고추 1개, 대파 ½대, 마늘 2쪽,
조선간장 1T

돼지고기 밑간
간장 ½T, 다진 마늘 1t, 다진 파 2t

만드는 법

❶ 배추김치는 잘 익은 것으로 준비해
소를 털어내고 1.5cm 폭으로 썬다.

❷ 돼지고기는 기름이 조금 섞인
부분으로 골라 다진 뒤 분량의 재료로
밑간한다.

❸ 상에 올릴 작은 냄비에 식용유를
두르고 김치를 볶다가 돼지고기를 넣고
볶는다. 분량의 물을 붓고 끓이다가 끓기
시작하면 순두부를 숟가락으로 크게 떠
넣고 약한 불로 줄여 끓인다.

❹ 새우젓을 다져서 ③에 넣는다.

❺ 분량의 고춧가루에 참기름을 넣고
으깨면서 섞은 뒤 풋고추, 홍고추, 대파,
마늘을 굵게 다져서 조선간장과 함께
넣어 찌개 양념을 만든다.

❻ 끓고 있는 순두부에 ⑤의 찌개 양념을
얹어 잠깐 끓인다. 기호에 따라 날달걀을
넣기도 한다.

순두부는 두부를 만드는 과정에서 콩의
단백질이 응고됐을 때 무거운 것으로
눌러 물기를 빼지 않은 상태를 말한다.
멍울멍울 뭉쳐 있는 그대로 양념장을
얹어 먹기도 하고, 뜨끈하게 찌개로 끓여
먹기도 한다. 순두부를 찌개에 넣을
때에는 큼직하게 떠 넣어야 끓으면서
덜 부서진다. 돼지고기 대신 바지락을
넣기도 한다.

부대찌개

준비하기

여러 가지 소시지와 햄(통조림 햄, 베이컨 등) 500g, 통조림 콩 3T, 배추김치 200g, 양파 80g, 당근 60g, 대파 1대, 떡국용 떡 80g, 소금 적당량, 식용유 약간

김치 양념
참기름 1t, 설탕 2t, 다진 마늘 1T

찌개 양념
고춧가루 2T, 고추장 2T, 간장 2T, 다진 마늘 2T

멸치 국물
국물용 멸치(중) 20g, 다시마 10×10cm 1장, 물 6컵

만드는 법

❶ 소시지는 5mm 두께로 어슷하게 썰고, 통조림 햄은 4×2cm 크기로 도톰하게 썬다. 베이컨은 4cm 폭으로 썬다. 소시지와 햄 등은 끓는 물에 담갔다가 건져서 겉 기름을 뺀다.

❷ 배추김치는 소를 털어내고 2cm 폭으로 썬 다음, 분량의 김치 양념 재료를 넣어 버무린다.

❸ 양파는 2cm 폭으로 썰고, 당근도 4×2cm 크기로 얇게 썬다.

❹ 대파는 굵고 어슷하게 썰고, 떡은 흐르는 물에 씻어 물기를 뺀다.

❺ 냄비에 분량의 물, 내장과 머리를 제거한 멸치, 다시마를 넣고 20분 정도 끓이다가 멸치와 다시마를 건진다.

❻ 분량의 재료를 섞어 찌개 양념을 만든다.

❼ 얕은 냄비에 식용유를 두르고 ②의 김치를 먼저 볶다가 소시지와 햄, 베이컨, 양파, 당근을 골고루 돌려 담고 ⑥의 양념을 끼얹는다. ⑤의 멸치 국물을 붓고 끓인다.

❽ ⑦에 떡을 군데군데 담고 대파와 통조림 콩을 넣어 끓인다. 간이 부족하면 소금으로 맞춘다.

1970년대 이후 서울 근교에 주둔하던 미군 부대 근방에서 생겨난 초기의 퓨전 음식이다. 소, 돼지 등으로 만든 육류 가공식품인 햄, 소시지 등을 김치찌개에 넣어 만든다. 전골 형태로 즉석에서 끓이면서 먹어야 맛있다. 밥반찬뿐 아니라 술안주로도 즐겨 먹는다. 취향에 따라 두부, 슬라이스 치즈, 라면 사리, 당면 등을 넣기도 한다.

쇠고기버섯전골

준비하기

재료
쇠고기(등심) 150g, 표고버섯 4개,
느타리버섯 100g, 새송이버섯 2~3개,
팽이버섯150g, 무 100g, 당근 80g,
양파 100g, 쪽파 50g, 두부 200g, 잣 1T,
소금·식용유·참기름·조선간장 약간씩,
물 6컵

고기 양념
간장 1½T, 설탕 2t, 다진 마늘 1T,
참기름 2t, 후춧가루 약간

옅은 소금물
물 6컵, 소금 2T

만드는 법

❶ 쇠고기는 1mm 두께로 아주 얇게
썬다. 고기 양념을 만들어 쇠고기에 넣고
버무린다.

❷ 모든 버섯은 옅은 소금물에 재빨리
씻어 건진 후 물기를 뺀다. 표고버섯과
느타리버섯은 굵게 찢고, 새송이버섯은
4~5cm 길이로 도톰하게 썬다.
팽이버섯은 뿌리를 자르고 굵게
떼어낸다.

❸ 무와 당근은 가로세로 5×1cm , 3mm
두께로 납작하게 썬다. 끓는 물에 소금을
약간 넣고 데친 뒤 찬물에 헹군다.

❹ 양파는 반으로 잘라 1cm 폭으로 썰고,
쪽파는 5cm 길이로 썬다.

❺ 두부는 1cm 두께로 길쭉하게 썰어
소금을 뿌려두었다가 물기를 닦아낸다.
팬에 식용유를 두르고 앞뒤로 노릇하게
지진다.

❻ 전골냄비에 참기름을 약간 두르고
①의 쇠고기를 볶다가 가운데로
모아놓는다.

❼ 불을 끄고 고기를 중심으로 버섯과
두부, 무, 당근, 양파, 쪽파를 고루
둘러 담고 분량의 물을 부어 끓인다.
조선간장과 소금으로 간을 맞추고
잣을 얹는다.

전골냄비에 쇠고기와 각종 버섯, 채소를
색을 맞춰 돌려 담아 시각적으로 먼저
풍성한 맛을 즐길 수 있다. 주재료는
쇠고기이지만 고기에서 우러나온
육수에 쉽게 익는 채소를 익혀 같이 먹을
수 있게 만든 음식이다. 기본 국물을
따로 만들지 않고, 채소에 간을 하지
않으므로 국간장과 소금으로 진하게 간을
한다. 채소의 담백한 맛을 더 즐기려면
겨자장(212쪽 두부선 만들기 참고)이나
초간장을 곁들인다. 국물을 넉넉히
준비해 국수나 만두, 떡을 넣어 먹어도
좋다.

낙지전골

준비하기

재료
낙지 600g, 쇠고기(등심 또는 안심) 200g,
양파 400g, 쪽파 50g, 홍고추 1개, 마늘
6쪽, 식용유 2T, 굵은소금 약간

고기 양념
간장 1T, 설탕 ½T, 다진 파 1T, 다진 마늘
½T, 깨소금 1t, 참기름 1t, 후춧가루 약간

매운 양념장
고춧가루 2T, 참기름 1T, 고추장 1T,
간장 1T, 설탕 1T, 다진 파 1T, 생강즙 ½t,
깨소금 1T

만드는 법

❶ 낙지는 머리에 있는 내장과 눈을
떼어내고 굵은소금을 뿌려 주무르면서
말끔히 씻는다. 5cm 길이로 잘라 끓는
물에 넣어 살짝 데쳐낸다.

❷ 쇠고기는 얇게 썰어 4~5cm 폭으로
자른다. 분량의 고기 양념을 만들어
쇠고기에 넣고 양념이 배도록 주무른
다음 잠시 재어둔다.

❸ 양파는 1cm 폭으로 채 썰고, 쪽파는
5cm 길이로 썬다. 홍고추와 마늘은 굵게
다진다.

❹ 고춧가루에 참기름을 넣고 갠 다음,
나머지 재료를 넣고 섞어 매운 양념장을
만든다.

❺ 데친 낙지에 ④의 양념장을 넣고
버무린다.

❻ 바닥이 두꺼운 전골냄비에 식용유를
두르고 약한 불에서 마늘과 홍고추를
볶다가 매운 향이 올라오면 쇠고기와
양파를 넣어 볶는다. 고기가 익으면
낙지와 쪽파를 넣고 센 불에서 고기와
섞으며 재빨리 볶는다.

전골은 원래 국물이 많지 않은 음식이다.
전골이 외식 메뉴에 오르면서 국물
좋아하는 한국인에게 맞춰 국물이
넉넉해지기 시작했다. 여기에서
소개하는 낙지전골은 국물이 거의 없는
볶음처럼 만든다. 낙지는 발이 아주 가는
세발낙지보다는 발이 굵은 것을 택하는
것이 좋다. 낙지는 볶기 전에 먼저 데쳐서
물기가 나오지 않게 하고, 많이 익으면
질겨지므로 재빨리 볶아 먼저 건져
먹는다.

해물전골

준비하기

재료

꽃게 2마리(500g), 새우(중하) 4마리(100g), 오징어 1마리(300g), 관자 2개(60g), 전복(소) 2개(160g), 배추 150g, 당근 100g, 대파 2대, 홍고추 1개, 쑥갓 30g, 조선간장 1T, 다진 마늘 2t, 소금·후춧가루 약간씩

해물 국물

다시마 10×10cm 1장, 마른 고추 1개, 생강편 3톨분, 맛술 2T, 물 10컵

만드는 법

❶ 꽃게는 등딱지를 떼어내고 4등분한다. 작은 다리와 게딱지는 국물용으로 따로 모아놓는다.

❷ 새우는 머리째 껍데기를 벗기고 등을 갈라서 살을 펼친다. 벗긴 껍데기는 국물용으로 따로 모아놓는다.

❸ 오징어는 배를 갈라 내장을 빼고 껍질을 벗긴 다음 칼집을 내고 한 입 크기로 썬다.

❹ 관자는 5mm 두께로 넓적하게 저며 썰어 사선으로 칼집을 낸다. 전복은 살을 떼어내 칼집을 낸 후 껍데기에 다시 담는다. 관자에 붙은 부산물은 국물용으로 따로 모아놓는다.

❺ 냄비에 해물을 다듬고 남은 부산물(게딱지와 게 다리, 오징어 다리와 머리, 관자에 붙은 부산물, 새우 껍데기)과 분량의 물, 다시마, 마른 고추, 생강편, 맛술을 넣고 끓인 다음 체에 걸러 해물 국물을 준비한다.

❻ 배추는 1cm 폭으로 썰고, 당근은 가로세로 4×1cm, 2mm 두께로 납작하게 썬다. 대파는 5cm 길이로 썰어 반 가른다. 홍고추는 어슷하게 썰고, 쑥갓은 여린 잎으로 골라 짧게 자른다.

❼ 전골냄비에 해물과 배추, 당근, 대파를 색을 맞춰 담는다. ⑤의 해물 국물을

조선간장과 소금으로 간해서 붓고 끓인다. 끓기 시작하면 다진 마늘, 홍고추, 후춧가루를 넣고 마지막에 쑥갓을 넣는다.

다양한 해산물과 채소가 어우러져 맛의 깊이를 더하는 해물전골. 해산물을 다듬고 남은 재료를 활용해 국물을 만들고 여기에 다시마를 더해 감칠맛을 배가한다. 해산물과 채소를 다 건져 먹고 나서 만두나 국수 사리를 넣어 끓여 먹어도 맛있다.

장조림

재료
쇠고기(홍두깨살) 600g, 메추리알 150g,
풋고추 6개, 마늘 3쪽

고기 삶는 물
물 12컵, 대파 1대, 생강 1톨, 통후추 약간

조림 양념
간장 1컵, 설탕 ½컵

만드는 법

❶ 쇠고기는 덩어리째 물에 담가 30분
정도 핏물을 뺀 다음 사방 4cm 정도
크기로 토막 낸다. 분량의 물을 끓여서
쇠고기, 대파, 생강, 통후추를 같이 넣고
푹 삶는다.

❷ 고기가 익으면 건지고, 육수는 면포에
거른다.

❸ 메추리알은 삶아서 껍데기를 깐다.

❹ 풋고추는 3cm 길이로 썰고, 마늘은
반으로 가른다.

❺ 조림 양념을 만들어 ②의 육수 5컵에
조림 양념 반 정도를 넣고, 삶은 고기를
넣어 끓인다. 조림장이 3분의 2 정도로
줄고 고기에 간이 배어들면 남은 양념과
메추리알을 넣고 약한 불로 더 조린다.

❻ 육수가 반 정도로 졸아들면 풋고추와
마늘을 넣고 좀 더 조린 뒤 식힌다.

장조림용 고기는 육질이 단단하고
기름기가 적은 홍두깨살을 사용해야
고소한 맛과 쫄깃한 식감을 맛볼 수
있다. 고기를 큰 덩어리째 조려서 먹을
때 결대로 잘게 찢어 메추리알, 풋고추
등과 함께 낸다. 보통 한 번에 많이 만들어
냉장고에 넣어두고 먹는데, 중간에 간장
국물만 따로 한두 번 끓여서 식혀 부으면
더 오래 먹을 수 있다. 남은 것을 보관할
때에는 고기 덩어리가 간장 국물에 푹
잠겨야 한다. 고기 맛이 듬뿍 밴 간장은
다른 음식을 만들 때 조미장으로도 쓴다.

전복초

재료

전복 600g(전복살 200g), 쇠고기(우둔살)
60g, 참기름 1t, 잣가루 약간

조림 양념

간장 2T, 설탕 1T, 물 ½컵, 대파 2cm
길이 3토막, 마늘 3쪽, 생강 3톨, 꿀 1T,
후춧가루 약간

녹말물

물 1T, 녹말 ½T

만드는 법

❶ 전복은 껍데기와 살 부분을 솔로
문질러 깨끗이 씻은 뒤 끓는 물에 살짝
데친다. 살만 발라내고 내장은 떼어낸다.

❷ 전복살에 칼을 옆으로 넣어 크고 얇게
저민다. 쇠고기는 얄팍하게 썬다.

❸ 대파는 반을 가르고, 마늘과 생강은
얇게 편으로 썬다. 물에 녹말을 섞어
녹말물을 만든다.

❹ 냄비에 간장, 설탕, 물, 마늘, 생강을
넣고 끓인다.

❺ 장물이 끓기 시작하면 쇠고기를
넣는다. 고기가 익으면 전복을 넣은 뒤
약한 불로 줄여 뒤적이며 조린다.

❻ 국물이 3분의 1 정도로 졸았을 때
꿀과 후춧가루를 넣고 마지막에 대파를
넣는다.

❼ ⑥에 녹말물을 넣고 고루 저어 윤기를
내고 참기름올 넣는다. 그릇에 딤은 뒤
잣가루를 뿌린다.

전복은 저지방에 아미노산을 많이
함유해 예부터 몸이 허한 사람에게
좋은 음식으로 알려졌다. 쇠고기와
갖은양념을 넣고 끓인 간장에 전복을
조려 윤기 나게 만드는 쫄깃한 전복초는
조선 시대에 궁중에서 먹은 음식이다.
'초炒'는 재료를 장물에 조려 윤기
나게 만드는 조리법을 말한다. 녹말을
최소한으로 넣어 윤기를 내는 것이 비법.
마지막에 뿌리는 잣가루가 이 음식의
화룡점정이다.

갈치무조림

준비하기

재료
갈치 500g, 무 400g, 양파 100g, 풋고추 3개, 홍고추 1개, 통깨 1T, 물 1컵

옅은 소금물
물 6컵, 소금 2T

조림 양념
간장 3T, 고춧가루 3T, 설탕 2T, 다진 파 2T, 다진 마늘 2T, 다진 생강 2t, 깨소금 1T, 참기름 1T, 소금 1t, 후춧가루 약간

만드는 법

❶ 갈치는 은백색 비늘을 칼로 살살 긁어낸다. 머리와 꼬리를 자르고 내장을 빼서 8cm 길이로 자른 다음 옅은 소금물에 씻어 건진다.

❷ 무는 가로세로 4×5cm, 1.5cm 두께로 썬다. 양파는 반으로 잘라 1cm 폭으로 썰고, 풋고추와 홍고추는 어슷하게 썬다.

❸ 분량의 조림 양념 재료를 모두 섞는다.

❹ 바닥이 평평한 냄비에 무를 깔고 ③의 양념 일부를 위에 끼얹는다. 갈치, 양파, 풋고추, 홍고추 순으로 얹고 그 위에 나머지 양념장을 고루 뿌린다. 갈치가 잠길 만큼 물을 붓고 센 불에서 끓인다.

❺ 끓기 시작하면 중간 불로 줄이고 서서히 끓이면서 국물을 자주 끼얹으며 조린다. 국물이 자작하게 남으면 불을 끄고 통깨를 뿌린다.

갈치는 기다란 은빛 칼처럼 생겨 '칼치'라고도 부른다. "갈치 만진 손을 헹군 물로 국을 끓여도 맛이 난다"라는 말이 있을 정도로 맛있는 생선으로 손꼽힌다. 갈치조림에는 무를 가장 많이 넣고 감자, 시래기, 푹 익은 김치 등을 넣기도 한다. 갈치 맛이 무에 많이 배어 무 맛을 즐기기도 한다. 처음에 센 불에서 끓여야 생선살이 부서지지 않는다.

두부조림

재료
두부 400g, 소금 ½t, 식용유 적당량,
대파 1대, 마늘 4쪽, 생강 10g, 실고추
약간, 통깨 1t, 물 1컵

조림 양념
간장 3T, 설탕 1T, 깨소금 2T, 다진 마늘
1T, 참기름 1T

만드는 법

❶ 두부는 가로세로 5×4cm, 1.5cm
두께로 자른 뒤 소금을 뿌려놓아 물기를
뺀다.

❷ ①의 두부를 식용유 두른 팬에 앞뒤로
노릇하게 지진다.

❸ 대파는 3cm 길이로 잘라 반으로
가르고 속대를 꺼낸 다음 길이대로 곱게
채 썰고, 마늘과 생강도 곱게 채 썬다.

❹ 두부를 냄비에 펼쳐 넣고 분량의
재료로 양념장을 만들어 고루 끼얹은
다음 재료가 잠길 정도로 물을 붓고
조린다.

❺ 양념장이 반쯤 졸아들면 채 썬 대파와
마늘, 생강, 실고추를 위에 뿌리고 불을
약하게 줄여 좀 더 조린다. 두부조림을
그릇에 담고 통깨를 뿌린다.

맛이 담백해서 어떤 재료와도 잘
어울리는 두부는 예부터 조리법이 아주
다양했다. 단백질이 풍부하고 칼로리가
낮아 요즘은 전 세계에서 즐기는 건강
식재료다. 두부조림은 가장 대표적인
두부 요리로, 마땅한 반찬이 없을 때
간단히 만들어 먹을 수 있는 일상
반찬이다. 두부는 굽기 전에 소금을 뿌려
물기를 빼야 노릇하게 구울 수 있다.

죽순들깨즙찜

준비하기

재료
통조림 죽순 300g, 쪽파 10g, 마른 새우 10g, 들기름 2T, 조선간장 1T, 다진 마늘 1T, 깨소금 1t, 물 4컵

들깨즙
들깻가루 5T, 멥쌀가루 2T, 물 1컵

만드는 법

❶ 죽순은 4cm 길이로 잘라서 빗살 모양으로 납작하게 썬 뒤 깨끗이 씻어 물기를 뺀다. 쪽파는 3cm 길이로 썬다.

❷ 새우는 기름을 두르지 않은 팬에 볶아 비벼서 가시를 털어내고, 여기에 물 1컵을 부어 10분간 불린 다음 건져서 굵게 다진다. 이때 새우 불린 물은 버리지 않고 따로 받아놓는다.

❸ 들깻가루와 멥쌀가루를 물에 개어 들깨즙을 만든다.

❹ 냄비에 들기름을 두르고 죽순을 볶다가 ②의 불린 새우를 넣는다.

❺ ④에 ②의 새우 불린 물을 붓고 조선간장과 다진 마늘, 깨소금을 넣어 양념한다. 여기에 남은 물 3컵을 붓고 끓인다.

❻ 한소끔 끓으면 ③의 들깨즙을 넣고 고루 저으며 걸쭉한 상태가 되면 쪽파를 넣고 불을 끈다.

아삭거리는 죽순에 고소한 들깻가루를 넣어 만든 별미 음식. 죽순은 대나무의 땅속줄기에서 돋아나는 연한 싹을 말한다. 4~5월에만 나기 때문에 생죽순은 봄에만 쓸 수 있고, 보통 죽순 통조림이나 염장한 죽순을 사용한다.

두부선

준비하기

재료
두부 600g, 닭고기 100g, 마른 표고버섯
2개, 석이버섯 2장, 잣 1T, 달걀 2개,
실고추·식용유 약간씩

양념장
소금 1T, 설탕 2t, 다진 파 1T, 다진 마늘 2t,
생강즙 1t, 참기름 2t, 깨소금 2t, 후춧가루
약간

겨자장
겨자 갠 것 2T, 설탕 1T, 식초 2T, 간장 2t,
물 2T, 소금 약간

만드는 법

❶ 두부는 도마에 놓고 한쪽 끝부터 칼을
눕혀 곱게 으깬다. 면포에 싸서 물기를
짠다.

❷ 닭고기는 살만 발라 곱게 다진다.

❸ 표고버섯은 물에 불려서 기둥을 떼고
곱게 다진다.

❹ 석이버섯은 물에 불려서 비벼 씻은
다음 채 썰고, 잣은 길이대로 반 가른다.
실고추는 3cm 길이로 끊는다.

❺ 달걀은 황백으로 나누어 팬에
식용유를 두르고 각각 지단을 얇게 부친
다음 3cm 길이로 곱게 채 썬다.

❻ 분량의 재료를 섞어 양념장을 만든다.
두부와 닭고기, 표고버섯을 섞은 후
양념장을 넣고 고루 버무려 반죽을
만든다. 둥글고 얕은 쟁반에 젖은 면포를
깔고 두부 반죽을 1cm 두께로 고르게
편다.

❼ 반죽 위에 석이버섯, 잣, 황백 지단채,
실고추를 고루 뿌린다. ⑥의 면포를 들어
김이 오른 찜통에 넣고 10분 정도 찐다.
한 김 식힌 후 네모나게 한 입 크기로
썰거나 원뿔 모양으로 썰어 담고 분량의
재료로 만든 겨자장을 곁들여 낸다.

'선'은 궁중 음식 조리법으로 채소, 생선
등을 쪄서 예쁘게 장식한 음식을 말한다.
두부선은 곱게 다진 두부와 닭살을
섞은 반죽 위에 오색 고명을 얹어 찐다.
닭고기는 담백한 맛을 배가하며, 쪘을
때 단단히 굳어 두부가 부서지지 않게
해준다. 흰 도화지에 색색의 물감을 뿌린
듯한 아름다운 모양새가 시선을 끄는
두부선에 톡 쏘는 겨자장을 곁들이면
두부의 밍밍함을 보완해준다.

오징어순대

준비하기

재료
오징어 4마리(1마리당 400g),
쇠고기(우둔살) 100g, 두부 200g, 숙주
150g, 당근 50g, 풋고추 4개, 대파 ½대,
밀가루 적당량

소 양념
소금 1½T, 다진 마늘 2T, 참기름 2T,
깨소금 2T, 고춧가루 ½T

만드는 법

❶ 오징어는 다리를 당겨서 빼내 다리에
붙은 먹물과 내장을 제거한다. 다리와
몸통을 분리해 깨끗이 씻어 물기를 뺀다.

❷ 다리는 끓는 물에 데쳐 잘게 썬다.

❸ 쇠고기는 곱게 다지고, 두부는 으깨서
물기를 짠 다음 쇠고기와 섞는다.

❹ 숙주는 삶아서 송송 썰어 물기를 짜고,
당근은 채 썰어 끓는 물에 데친 후 곱게
다진다. 풋고추는 반으로 갈라 씨를 빼
다지고, 대파도 다진다.

❺ ②, ③, ④를 모두 섞은 뒤 분량의 양념
재료를 모두 넣고 오래 치대서 소를
만든다.

❻ 오징어 몸통 안쪽을 마른행주로 닦아
물기를 제거하고 밀가루를 바른 다음
⑤의 소를 3분의 2 정도만 채워 넣고
벌어진 부분을 꼬치로 꿰어 봉한다.

❼ 김이 오른 찜통에 넣어 20분간 찐 뒤
식힌다. 한 김 식으면 1cm 두께로 둥글게
썬다.

순대는 소나 돼지의 창자에 각종 재료를
소로 채워 넣고 삶거나 찐 음식을 말한다.
오징어 산지인 강원도의 대표적 토속
음식인 오징어순대는 소나 돼지의 창자
대신 오징어로 만든다. 오징어 배 속에는
각종 채소나 두부, 고기 등 집에 흔히 있는
재료를 다져서 넣으면 된다. 오징어를
통으로 찐 다음 얇게 썰어서 초간장이나
초고추장에 찍어 먹는다.

꽈리고추찜

재료

꽈리고추 300g, 밀가루 3T, 소금·통깨 약간씩

양념장

간장 3T, 고춧가루 2T, 설탕 1T, 다진 파 1T, 다진 마늘 ½T, 참기름 ½T

만드는 법

❶ 꽈리고추는 꼭지를 떼고 깨끗이 씻는다. 양념이 잘 배도록 이쑤시개나 포크로 군데군데 찔러 소금을 살짝 뿌려두었다가 밀가루를 고루 묻힌다.

❷ 김이 오른 찜통에 젖은 면포를 깔고 꽈리고추를 넣어 날밀가루가 보이지 않도록 잠깐 찐다.

❸ 분량의 재료를 모두 섞어 양념장을 만든다.

❹ 찐 꽈리고추에 양념장을 넣고 살살 버무린 후 통깨를 뿌린다.

표면이 쭈글쭈글한 꽈리처럼 생긴 꽈리고추는 풋고추의 한 종류다. 찜 외에도 장조림이나 멸치볶음에 잘 어울리고 매운맛이 적어 매운 음식을 잘 못 먹는 사람도 즐길 수 있다. 꽈리고추의 맛과 향을 풍부하게 살리기 위해 찐 후 양념장에 무친다. 재료만 있다면 즉석에서 쉽게 만들 수 있다. 영양을 보충하기 위해 볶은 콩가루를 넣기도 한다.

돼지갈비찜

준비하기

재료

돼지갈비 1kg, 표고버섯 4개, 양송이버섯
8개, 당근 200g, 양파 400g, 대파 1대,
밤 4개, 마른 고추 1개, 달걀 1개, 생강 10g,
맛술 2T, 식용유 약간, 물 10컵

양념장

간장 5T, 설탕 2T, 물엿 1T, 다진 파 3T,
다진 마늘 2T, 깨소금 1T, 참기름 1T,
후춧가루 약간

만드는 법

❶ 돼지갈비는 6~7cm 길이로 토막 내어
기름을 떼어낸다. 찬물에 30분 정도 담가
핏물을 제거하고 체에 건져 물기를 뺀다.

❷ 표고버섯은 기둥을 떼어 반으로
자르고, 양송이버섯은 반으로 자른다.

❸ 당근은 2cm 길이로 잘라 모진
가장자리를 둥글게 다듬는다. 양파는
2cm 폭으로 굵게 썰고, 대파는 2cm
길이로 썬다. 밤은 속껍질까지 말끔히
벗긴다.

❹ 마른 고추는 2cm 길이로 자르고 씨를
털어낸다.

❺ 달걀은 황백으로 나누어 식용유
두른 팬에서 각각 지단을 부친 다음
마름모꼴로 썬다.

❻ 분량의 재료를 모두 섞어 양념장을
만든다.

❼ 돼지갈비에 ⑥의 양념장을 반만 넣고
고루 주물러 양념이 배도록 30분 정도
재어놓는다. 냄비에 양념한 돼지갈비를
담고 분량의 물을 부은 후 마른 고추와
생강, 맛술을 넣고 끓인다.

❽ 돼지갈비가 익고 국물이 반쯤
졸아들면 당근과 밤을 넣고 끓이다가
남은 양념장을 넣는다. 국물이 조금 더
졸아들면 약한 불로 줄여 양파, 표고버섯,
양송이버섯, 대파를 넣고 위아래를
뒤적이면서 갈비가 푹 익을 때까지
끓인다.

❾ 국물이 조금 남으면 불을 끄고 그릇에
담은 뒤 마른 고추와 황백 지단을 올린다.

갈비찜은 생일이나 명절 같은 특별한
날에 만들어 먹는 요리다. 뼈에 붙은
고기는 질기지만 오랜 시간 서서히 끓여
부드럽게 만들어 먹는다. 돼지갈비는
연한 편이라 보통 바로 조리하고,
더 크고 질긴 소갈비는 미리 한 번 삶아서
사용한다. 갈비에 칼집을 넣고 양념장을
버무리면 양념이 더 잘 밴다. 부드럽게
익은 고기를 먹고 나서 간장 양념에 밥을
비벼 먹어도 좋다.

닭감자찜

준비하기

재료
닭 1마리(1.2kg), 감자 200g, 당근 100g, 양파 100g, 대파 ⅓대, 마른 고추 2개, 생강 1톨, 식용유 적당량, 물 5컵

닭 밑간 양념
맛술 2T, 소금 1T, 후춧가루 약간

양념장
고춧가루 4T, 고추장 3T, 간장 2T, 맛술 2T, 설탕 1T, 물엿 2T, 다진 파 2T, 다진 마늘 1T, 다진 생강 1t, 깨소금 ½T, 참기름 1T, 후춧가루 약간

만드는 법

❶ 닭은 한 입 크기로 토막을 낸 후 깨끗이 씻어 물기를 없앤다. 분량의 밑간 양념 재료를 닭에 넣고 버무린다.

❷ 감자는 큰 것은 4등분하고, 작은 것은 반으로 잘라 찬물에 헹군다. 당근과 양파는 감자와 비슷한 크기로 큼직하게 썬다.

❸ 대파는 1cm 폭으로 어슷하게 썬다. 마른 고추는 2cm 길이로 썰고, 생강은 편으로 썬다.

❹ 분량의 재료를 모두 섞어 양념장을 만든다.

❺ 팬에 식용유를 두르고 마른 고추와 생강을 넣어 볶는다. 향이 올라오면 감자와 당근, 양파를 넣고 함께 볶는다.

❻ ⑤의 볶은 채소는 따로 담아놓고, 팬에 다시 식용유를 넉넉히 둘러 닭을 볶는다.

❼ 닭이 어느 정도 익으면 ④의 양념장을 반만 넣고 분량의 물을 부어 끓인다.

❽ 국물이 반으로 졸아들면 볶은 채소를 넣고 나머지 양념장을 부어 끓인다. 대파를 넣고 불을 끈다.

세계인이 가장 많이 소비하는 육류는 닭이며 여러 닭 요리 중에서 매운맛이 매력적인 한국의 닭찜은 아주 유명하다. 양념이 잘 밴 쫄깃한 닭살과 함께 큼직하게 썰어 넣은 감자와 당근도 별미다. 건더기를 다 건져 먹고 매콤한 국물에 밥을 비벼 먹어도 맛있다. 닭감자찜의 다른 버전인 안동찜닭은 안동에서 만들어 먹기 시작한 음식인데, 간장으로 양념해 빨갛지는 않지만 청양고추를 넣어 아주 매콤하다.

아귀찜

재료

아귀 500g, 미더덕 200g, 콩나물(대가
굵은 것) 200g, 미나리 70g, 풋고추 1개,
홍고추 1개, 참기름 ½T, 통깨 적당량,
굵은소금 약간

아귀 데치는 물

물 5컵, 된장 1T, 생강 2톨

옅은 소금물

물 6컵, 소금 2T

양념장

고춧가루 4~5T, 간장 3T, 소금 1T,
맛술 1T, 다진 파 3T, 다진 마늘 3T, 생강즙
1t, 양파즙 3T, 깨소금 1T, 참기름 ½T,
후춧가루 약간, 물 1컵

녹말물

물 1컵, 녹말가루 2T, 소금 1t

만드는 법

❶ 아귀의 입은 잘라내고 배를 갈라
내장을 훑어 꺼낸다. 굵은소금을 뿌려
문지르면서 끈끈한 점액은 씻어내고
지느러미와 꼬리는 잘라낸다. 몸통은
4~5cm 크기로 토막 낸 뒤 흐르는 물에
헹군다.

❷ 냄비에 분량의 물을 붓고 끓이다가
끓기 시작하면 된장을 풀어 넣고 생강을
편으로 잘라 넣는다. 여기에 아귀를 살짝
데친 다음 체에 건져 물기를 뺀다.

❸ 미더덕은 옅은 소금물에 씻어
건져놓고, 콩나물은 머리와 꼬리를 떼어
다듬는다.

❹ 미나리는 잎과 억센 줄기를 떼어내고
6~7cm 길이로 자르고, 풋고추와
홍고추는 어슷하게 썬다.

❺ 고춧가루, 간장, 소금, 맛술을 섞은
후 나머지 재료를 모두 넣고 고루 섞어
양념장을 만든다.

❻ 냄비에 아귀와 미더덕을 담고 양념장
3분의 2 분량을 끼얹는다. 뚜껑을 덮고
끓이다가 국물이 생기면서 아귀살이 익은
듯하면 콩나물을 얹고 뚜껑을 다시 덮어
끓인다.

❼ 콩나물이 익을 무렵 미나리와 풋고추,
홍고추를 넣고 남은 양념장을 끼얹은 뒤
센 불에서 볶듯이 위아래를 고루 섞는다.

❽ 분량의 재료로 녹말물을 만들어 끓고
있는 국물에 붓고 전체를 뒤집으며
섞는다. 아귀찜을 그릇에 담고 참기름과
통깨를 뿌린다.

아귀는 험상궂은 생김새 때문에 붙은
이름이다. 불교에서 아귀란 탐욕을
부리다가 사후에 배고픔과 목마름의
고통으로 가득한 세상에 떨어진 중생을
가리킨다. 이런 생김새 때문에 옛날
어부들은 아귀를 잡으면 그냥 버렸다고
한다. 먹거리가 귀하던 시절에 서민들이
탕으로 끓여 먹기 시작했고, 마산의 어느
식당에서 말린 아귀로 찜을 만든 것이
아귀찜의 시초다. 생김새는 별나지만
식감이 쫄깃하고 비타민 C 등 영양소가
풍부하다. 아귀에 콩나물과 미나리를
더해 푸짐하게 즐길 수 있다.

달걀찜

준비하기

재료
달걀 6개, 쇠고기(우둔살) 30g, 실파 10g, 실고추 약간, 물 ½컵

고기 양념
간장 1t, 다진 파 1t, 다진 마늘 ½t, 참기름 ½t, 후춧가루 약간

양념
새우젓 1T, 물 1T, 참기름 1t, 소금 약간

만드는 법

❶ 달걀은 흰자와 노른자가 잘 섞이도록 풀어놓는다.

❷ 쇠고기는 곱게 다져 쇠고기 양념으로 고루 버무린 후 ①의 달걀물에 넣어 섞는다. 물 ½컵을 넣고 더 섞는다.

❸ 새우젓은 다져서 물 1T과 섞고 국물만 짜서 ②의 달걀물에 섞는다. 나머지 양념 재료도 달걀물에 넣고 섞는다.

❹ 실파는 송송 썰고, 실고추는 2cm 길이로 썬다.

❺ 상에 올릴 수 있는 찜 그릇에 ③의 달걀물을 붓는다. 물을 담은 깊은 냄비나 찜 냄비에 그릇을 넣고 젖은 면포를 덮은 뒤 뚜껑을 덮어 약한 불에서 20분 정도 중탕으로 익힌다.

❻ 달걀이 반쯤 익었을 때 실파와 실고추를 올려 좀 더 찐다. 나무 꼬치로 찔러 달걀물이 묻어나지 않을 때까지 완전히 익힌다.

달걀을 곱게 풀어 물을 섞고 찜통에 찌거나 중탕으로 익힌다. 달걀물에 새우젓을 넣으면 감칠맛이 느껴지고 곱게 다진 쇠고기는 씹는 맛을 더한다. 매운 음식과 같이 먹으면 달걀의 부드러운 식감과 담백함이 매운맛을 중화한다.

바지락칼국수

준비하기

재료
바지락 300g, 칼국수 면(생면) 400g, 애호박 100g, 당근 50g, 부추 20g, 다진 마늘 1t, 맛술 2T, 조선간장·소금 적당량, 물 6컵

옅은 소금물
물 6컵, 소금 2T

멸치 국물
국물용 멸치 20g, 다시마 10×10cm 1장, 물 5컵

만드는 법

❶ 바지락은 껍데기째 흐르는 물에 씻고 옅은 소금물에 담가 어두운 곳에 3~4시간 두어 해감한다.

❷ 냄비에 내장을 뺀 멸치와 다시마, 물 5컵을 넣고 끓인 뒤 국물을 체에 거른다.

❸ 다른 냄비에 물 6컵과 바지락, 맛술을 넣고 끓인다. 바지락 입이 벌어지면 바지락은 꺼내고 국물은 체에 젖은 면포를 깔고 거른다.

❹ ②의 멸치 국물과 ③의 바지락 국물을 섞는다.

❺ 애호박은 3mm 두께로 동그랗게 썬 후 다시 채 썰고, 당근은 5cm 길이로 잘라 가늘게 채 썬다. 부추는 4cm 길이로 썬다.

❻ 냄비에 ④의 국물을 넣고 끓이다가 조선간장과 소금으로 간을 한다. 국물이 끓기 시작하면 칼국수 면을 넣고 면이 익어 떠오르면 애호박과 당근, 다진 마늘을 넣고 잠시 더 끓인다. 조신간장과 소금으로 간을 맞춘다. 마지막에 바지락과 부추를 넣고 불을 끈다.

밀가루 반죽을 칼로 썰어서 만든다는 뜻을 지닌 칼국수는 닭고기나 바지락 등으로 국물을 낸다. 닭고기 국물로 끓인 칼국수가 진하고 깊은 맛이라면, 바지락칼국수는 조개 특유의 시원한 감칠맛이 특징이다. 바지락은 오래 끓이면 질겨지므로 살짝 삶아 꺼내 놓았다가 마지막에 넣어 먹는다.

잔치국수

준비하기

재료
소면 300g, 쇠고기(양지머리) 300g, 달걀 1개, 석이버섯 2장, 조선간장·소금 적당량, 실고추·식용유 약간씩

고기 국물
물 12컵, 대파 1대, 마늘 5쪽, 통후추 약간

호박나물
애호박 150g, 소금 1t, 다진 대파 2t, 다진 마늘 1t, 깨소금 1t

만드는 법

❶ 쇠고기는 찬물에 30분 정도 담가 핏물을 뺀다. 냄비에 쇠고기와 분량의 물, 대파, 마늘, 통후추를 넣고 고기가 익을 때까지 끓인다. 고기는 건져 식혀서 편육으로 얇게 썰어놓고, 국물은 체에 걸러서 조선간장과 소금으로 간한다.

❷ 애호박은 2~3mm 두께로 동글게 썬 후 다시 채 썬다. 씨가 있는 굵은 호박의 경우 껍질을 돌려 깎아서 채 썬다. 채 썬 호박에 소금을 뿌려두었다가 물기를 꼭 짠다. 팬에 식용유를 두르고 호박, 다진 대파, 다진 마늘, 깨소금을 넣고 볶는다.

❸ 달걀은 황백으로 나누어 식용유 두른 팬에 각각 지단을 부친 다음 돌돌 말아 가늘게 채 썬다.

❹ 석이버섯은 더운물에 담가 불린 뒤 손바닥에 놓고 잘 비벼 씻어서 검은 물을 빼고 곱게 채 썬다.

❺ 실고추는 2cm 길이로 짧게 끊는다.

❻ 냄비에 물을 넉넉히 붓고 끓여서 소면을 삶는다. 몇 가닥을 건져 찬물에 헹궜을 때 국수가 살짝 투명해 보이면 속까지 익은 것이다. 삶은 소면을 건져서 흐르는 물에 여러 번 헹구고 1인분씩 사리를 지어 채반에 건져놓는다.

❼ ①의 국물을 끓여 소면 사리를 잠깐 담갔다가 그릇에 담고 편육을 올린다. 그 위에 호박나물, 황백 지단, 석이버섯, 실고추를 얹는다. 고명이 흩어지지 않게 뜨거운 국물을 그릇 가장자리로 살며시 붓는다.

따뜻한 고기 국물에 삶은 국수를 말고 오색의 화려한 고명을 얹어 잔칫날에 손님에게 대접하는 음식이다. 많은 잔치 손님을 치르면서 반찬이 없어도 되고 대접하기에도 쉬웠기 때문이다. 원래는 쇠고기로 맑게 끓인 국물을 사용하는데 최근에는 멸치 국물을 쓰기도 한다. 여러 가지 고명을 준비하기 힘들면 호박나물 정도만 얹고 간장, 다진 파, 다진 마늘, 참기름 등을 섞어 만든 양념장을 곁들여도 된다.

김치국말이국수

준비하기

재료
중면 400g, 동치미 무 200g, 백김치
200g, 오이 1개, 달걀 2개, 참기름 1t,
식용유 약간

백김치 양념
깨소금 1t, 참기름 1t

동치미 무 양념
고춧가루 1t, 설탕 ½t, 깨소금 1t, 참기름 1t

오이 절이는 소금물
물 2컵, 소금 1T

국물
동치미 국물 6컵, 식초 2T, 설탕 2T,
소금 약간

만드는 법

❶ 끓는 물에 중면을 삶은 후 찬물에
주물러 씻으면서 헹궈 사리를 짓는다.

❷ 동치미 무는 가로세로 4×1cm, 2mm
두께로 납작하게 썰고, 백김치는 1cm
폭으로 썬다. 각각 분량의 양념 재료를
넣고 버무린다.

❸ 오이는 길게 반으로 갈라 5mm 두께로
어슷하게 썰어 소금물에 절인다. 물기를
짠 후 팬에 식용유를 두르고 센 불에서
파랗게 볶는다.

❹ 달걀은 가운데에 노른자가 오도록
굴리면서 완숙으로 삶아 반으로 자른다.

❺ 동치미 국물에 식초와 설탕, 소금을
넣고 냉장고에 넣어 시원하게 둔다.

❻ 그릇에 ①의 국수를 담고 양념한
동치미 무와 백김치, 볶은 오이를 올리고
달걀 반쪽을 얹는다. 국물을 붓고
마지막에 참기름을 떨어뜨린다.

김장철에 담근 잘 익은 동치미 무와
백김치를 언제라도 국수에 말아 차갑게
즐길 수 있다. 여름에는 특히 새콤달콤한
국물이 더위에 지친 입맛을 되살려주는
별미. 동치미와 백김치 외에도
배추김치나 열무김치, 열무물김치를
사용하기도 한다. 김치 국물에 식초와
설탕을 넣어 새콤함을 배가한다.

함께한 사람들

자문과 감수

차경희

고문헌을 중심으로 한 한국 음식 문화
연구에 관심을 가지고 있다. 대학원에서
'석탄병惜呑餠'으로 석사 학위논문을,
'인절미' 연구로 박사 학위논문을
취득할 만큼 떡과 인연이 깊다.
<한국음식문화와 콘텐츠> <향토음식>
<韓國の暮らしと文化> <18세기의 맛>
<음식디미방과 조선시대 음식문화> 등을
공동 집필했고, <시의전서> <임원십육지-
정조지> <부인필지> <주방문>
<음식방문> <주식방문> 등 고조리서
편역에 참여했다.
전주대학교 한식조리학과 교수로 재직
중이다.

요리 자문과 요리

한복려

한국 음식 문화를 보존하고 전승하는 데
큰 공을 세운 故 황혜성 교수의 장녀로,
국가무형문화재 제38호 조선왕조
궁중음식 기능보유자다. 궁중음식연구원
원장 겸 궁중음식문화재단 이사장으로
활동 중이며, 한국 전통 음식의 학문적
연구와 조리 기능 전수에 매진하고 있다.
2000년 남북 정상 회담, 2006년 부산
'아시아 태평양 경제 협력체(APEC)'
정상회의 등 중요 국가 행사 때마다
다과회 및 만찬 메뉴를 자문했으며,
MBC 드라마 <대장금>에서 궁중 음식
자문과 제작을 맡아 전 세계에 한식을
알리는 데 기여했다. 저서로는 <조선왕조
궁중음식> <한국인의 장> <우리가 정말
알아야 할 우리 김치 백 가지> <다시 보고
배우는 산가요록> <음식고전> 등이 있다.

글

윤덕노

음식에 얽힌 역사와 문화를
발굴해 스토리를 입히는 작업에
앞장서고 있다. <매일경제신문>
사회부장·국제부장·부국장을
역임했으며, 미국 클리블랜드 주립대학교
객원 연구원을 지냈다. <음식으로 읽는
한국 생활사> <음식이 상식이다>
<신의 선물 밥> 등을 출간했다.

정혜경

호서대학교 식품영양학과 교수.
한국식생활문화학회 회장과
대한가정학회 회장을 역임했다. 한식의
역사와 과학성에 매료돼 30년 이상
한국의 밥과 장, 전통주 문화, 고조리서,
종가 음식 등을 연구해왔다.
또 한식의 과학화를 위해 김치 품질
측정기, 한방 맥주 등의 제품 특허를
취득하기도 했다. <천년 한식 견문록>
<밥의 인문학> <채소의 인문학>
<고기의 인문학> 등의 저서가 있다.

최낙언

서울대학교와 내학원에서 식품공학을
전공했고, (주)편한식품정보의 대표이다.
주 관심사는 '새로운 지식의 시각화
도구'를 만드는 것으로, 직접 회사를
설립한 이유이기도 하다. <식품에 대한
합리적인 생각> <불량지식이 내 몸을
망친다> <진짜 식품첨가물이야기>
<감칠맛과 MSG 이야기> <맛 이야기> 등
다수의 저서를 펴냈다.

성석제

1995년에 등단한 소설가·시인. 특유의 해학과 익살의 문장으로 '언어의 연금술사'라고 불린다. 그간 발표한 많은 작품 중에서 음식을 주제로 쓴 글을 묶은 산문집 <소풍>에서 작가는 음식이란 "추억의 예술이자 오감이 총동원되는 총체 예술"이라고 썼다. 현대문학상, 이효석문학상, 동인문학상, 채만식문학상, 조정래문학상 등 다수의 문학상을 수상했다.

박찬일

'로칸다 몽로'와 '광화문 국밥'의 주방장이자 음식에 대한 해박한 지식을 재치 있는 문장으로 여러 매체에 풀어내는 음식 칼럼니스트다. <노포의 장사법> <백년식당> <오늘의 메뉴는 제철 음식입니다> <박찬일의 파스타 이야기> <오사카는 기꺼이 서서 마신다> 등의 책을 썼다.

주영하

서강대학교에서 역사학을, 한양대학교 대학원에서 문화인류학을 공부하고 중국 중앙민족대학교 대학원 민족학·사회학 대학에서 민족학(문화인류학) 박사 학위를 받았다. 현재 한국학중앙연구원 한국학대학원 민속학 담당 교수로 재직하고 있다. 저서 <음식인문학> <식탁 위의 한국사> <한국인, 무엇을 먹고 살았나> <중국 중국인 중국음식> <맛있는 세계사> 등을 통해 음식의 역사와 문화가 지닌 세계사적 맥락을 살피는 연구를 꾸준히 하고 있다.

정연학

국립민속박물관 학예연구관으로 인천광역시 문화재위원, 박물관 및 미술관 진흥위원회 위원, 인천민속학회장 등을 지냈다. <한중 농기구 비교연구> <한중 두 나라의 대문과 상징> <한일 해양 민속지>(공저) <우리의 옛 문화와 소통하기>(공저) 등 다수의 저서와 연구 논문을 썼다.

이욱정

런던의 르 코르동 블루 요리 학교에서 고급 과정을 마친 '요리하는 PD'. KBS 다큐멘터리 <누들로드>와 <요리인류>를 기획·연출했다. 2년여에 걸쳐 10개국을 누비며 제작한 <누들로드> 시리즈로 2010 방송통신위원회 방송대상 대상을 수상했다. 많은 식문화 프로그램을 제작했고, <이욱정 PD의 요리인류 키친> <누들로드> <치킨인류> 등의 책을 썼다. 현재 서울시의 요리를 통한 도시 재생 사업의 총괄 프로듀서를 맡고 있다.

고영

대학에서 고전문학을 공부했다. 고전문학 작품을 번역하던 중 밥 한 끼 짓고 먹기 위해 사람들이 해온 행동에 대해 무지함을 깨닫고 음식의 실체를 파고들게 되었다. 펴낸 책으로 <다모와 검녀> <샛별 같은 눈을 감고 치마폭을 무릅쓰고 심청전> <아버지의 세계에서 쫓겨난 자들 장화홍련전> <높은 바위 바람 분들 푸른 나무 눈이 온들 춘향> <게 누구요 날 찾는 게 누구요 토끼전> <반갑다 제비야 박씨를 문 내 제비야 흥부전>

<허생전 공부만 한다고 돈이 나올까> <거짓말 상회>(공저) <카스테라와 카스테라 사이>가 있다. 이 가운데 '토끼전'은 2016년 세종도서에, '허생전'은 2017년 올해의청소년도서에 선정되었다.

정길자

故 황혜성 교수의 초대 조교로, 궁중 음식을 전수해 국가무형문화재 제38호 조선왕조궁중음식 기능보유자로 지정되었다. 현재는 사단법인 궁중병과연구원 원장으로 한국 전통 떡과 과자를 재현·전수 교육을 하며, 연구서를 저술하는 등 활발하게 활동하고 있다. <주식방문> <조선왕조 궁중음식>(이상 공저) <퓨전떡과 과자> <궁중의 떡과 과자> <한국의 전통병과> 등의 책을 썼다.

스타일링

김경미

한국의 1세대 푸드 스타일리스트로, 그동안 다양한 잡지와 책에서 자연스러우면서 감각적인 스타일링을 선보여왔다. 최근 '케이원 푸드 스타일링 그룹'을 이끌며 CJ, 삼성, LG, 버거킹, 마켓컬리 등의 음식 광고 촬영에 집중하고 있다.

색인

사진과 그림 저작권

32쪽 ©<행복이 가득한 집>,
사진 김정한

76쪽 ©<행복이 가득한 집>

87, 96쪽 ©이동춘

104~107쪽 ©<행복이 가득한 집>

108, 112쪽 ©민희기

그밖의 모든 사진 ©박찬우

모든 그림 ©김진이

한식의 비밀

기획	<행복이 가득한 집>
편집장	구선숙
아트 디렉팅	김홍숙
책임 편집	최혜경

자문	차경희
요리	한복려
진행	박진영
비주얼 디렉팅	서영희
사진	박찬우
스타일링	김경미

미디어 부문장	김은령
영업부	문상식, 소은주
제작부	정현석, 민나영
출력	새빛그래픽스
인쇄	문성인쇄

발행인	이영혜
1판 1쇄	펴낸날 2021년 9월 30일
1판 2쇄	펴낸날 2021년 12월 15일
발행 공급처	(주)디자인하우스
	서울시 중구 동호로 272
	www.designhouse.co.kr
등록	1987년 4월 9일, 라-3270
대표전화	02-2275-6151
판매 문의	02-2263-6900
ISBN	978-89-7041-745-5 (14590)

값	200,000원(5권 세트)